Lamin S Sanyang

Produção de arroz na Gâmbia

Lamin S Sanyang

Produção de arroz na Gâmbia

Papel e necessidades das mulheres produtoras de arroz na CRR

ScienciaScripts

Imprint

Cover image: www.ingimage.com

This book is a translation from the original published under ISBN 978-3-659-87631-8.

Publisher:
Sciencia Scripts
is a trademark of
Dodo Books Indian Ocean Ltd. and OmniScriptum S.R.L publishing group

120 High Road, East Finchley, London, N2 9ED, United Kingdom
Str. Armeneasca 28/1, office 1, Chisinau MD-2012, Republic of Moldova, Europe
Managing Directors: Ieva Konstantinova, Victoria Ursu
info@omniscriptum.com

Printed at: see last page
ISBN: 978-620-8-61936-7

Índice:

SR. LAMIN S. SANYANG

2015

ลามิน เอส ซันยัง 2015 บทบาทและความต้องการในการผลิตข้าวของสตรีเกษตรในประเทศแกมเบีย กรณีศึกษาในเขตลุ่มแม่น้ำ แซนทรัลในตอนใต้ของประเทศแกมเบีย

รายงานการศึกษาอิสระ ปริญญา*การจัดการการพัฒนาชนบทมหาบัณฑิต*บัณฑิตวิทยาลัย มหาวิทยาลัยขอนแก่น

ที่ปรึกษาการศึกษาอิสระ: รองศาสตราจารย์ชัยชาญ วงศ์สามัญ

บทคัดย่อ

การศึกษานี้มีวัตถุประสงค์เพื่อระบุบทบาทของสตรีเกษตรในการผลิตข้าวในประเทศแกมเบีย ระบุปัญหา และความต้องการในการผลิตข้าวของสตรีเกษตร และระบุการสนับสนุนที่สตรีเกษตรได้รับจากองค์การต่างๆ ที่เกี่ยวข้อง โดยทำการวิจัยในเขตลุ่มแม่น้ำ แซนทรัลในประเทศแกมเบีย ซึ่งเป็นเสมือนตระกร้าอาหารของประเทศ ใช้วิธีการศึกษาวิจัยแบบผสม โดยใช้ทั้งแบบสัมภาษณ์และการอภิปรายกลุ่มย่อย ในการเก็บรวบรวมข้อมูลปฐมภูมิจากผู้ให้สัมภาษณ์ จำนวน60 คน และ 2 กลุ่มย่อย

ผลการศึกษาชี้ให้เห็นว่า สตรีเกษตรในประเทศแกมเบียได้แสดงบทบาทที่สำคัญในฐานะเป็นผู้ดำเนินการผลิตข้าว ซึ่งได้แก่ การทำความสะอาดเมล็ดข้าว การกำจัดวัชพืช การทำให้เมล็ดข้าวแห้ง การจัดการศัตรูพืช การเก็บเกี่ยว การเก็บรักษาเมล็ดพันธุ์ การให้ปุ๋ย และการป้องกันโรคข้าว นอกจากนี้ สตรีเกษตรยังเป็นผู้ตัดสินใจหลักในเกือบทุกเรื่องในการผลิตข้าว เช่น การเพาะปลูก การกำจัดวัชพืช การบริหารศัตรพืช การให้ปุ๋ย การเก็บเกี่ยว และการควบคุมโรคศัตรูข้าว ในด้านการตลาดผลผลิตข้าว สตรีเกษตรเป็นผู้รับผิดชอบในการขายผลผลิตให้แก่ลูกค้า แม้ว่าสตรีเกษตรเป็นผู้มีบทบาทที่สำคัญในการผลิตข้าวก็ตาม สตรีเกษตรยังพบปัญหาการขาดช่องทางในการเข้าถึงปัจจัยการผลิตและเครื่องมือต่างๆ

ขาดบริการสินเชื่อ และมีสภาวะฝนตกที่ไม่ต่อเนื่องแน่นอน สตรีเกษตรต้องการเข้าถึงการผลิตที่มีคุณภาพ แรงงานและเทคโนโลยีที่ช่วยประหยัดเวลาทำงาน สตรีเกษตรได้รับการสนับสนุนจากองค์กรที่เกี่ยวข้องในการจัดหาเมล็ดพันธุ์คุณภาพดี ปุ๋ยเคมี สารเคมีป้องกันกำจัดศัตรูพืช เครื่องนวดข้าว เครื่องสีข้าว เครื่องหยอดเมล็ด การสร้างร่องส่งน้ำและสะพาน ตลอดจนการสนับสนุนทางวิชาการและการเสริมสร้างศักยภาพบุคคล

การศึกษาแนะนำการปรับปรุงในผู้หญิงเข้าถึงเกษตรกรผู้ปลูกข้าว 'และเป็นเจ้าของทรัพยากรการผลิตเช่นเดียวกับแรงงานและประหยัดเวลาเทคโนโลยีที่สามารถใช้โดยผู้หญิงเกษตรกรผู้ปลูกข้าวที่จะบรรเทาพวกเขาจากการปฏิบัติงานที่หนัก

Lamin S. Sanyang. 2015. Papéis e necessidades na produção de arroz das mulheres na Gâmbia: A Case Study in Central River Region South of The Gambia. Um relatório de estudo independente para o Mestrado em Gestão do Desenvolvimento Rural, Escola de Pós-Graduação, Universidade de Khon Kaen.

Orientador de estudos independentes: Prof. Dr. Chaicharn Wongsamun

RESUMO

Os objectivos da investigação eram identificar os papéis das mulheres na produção de arroz na Gâmbia, identificar os problemas e as necessidades das mulheres produtoras de arroz na produção de arroz e identificar os apoios recebidos das organizações relacionadas pelas mulheres produtoras de arroz.

A investigação foi realizada na Região do Rio Central da Gâmbia, que serviu como cabaz alimentar do país. Foi utilizada uma metodologia de investigação mista, com recurso a diretrizes de entrevista e discussão em grupo para recolher dados primários de 60 inquiridos-chave e 2 grupos, respetivamente. Os principais inquiridos foram selecionados através da técnica de amostragem aleatória estratificada.

As constatações revelaram que as mulheres da Gâmbia desempenham papéis muito importantes como produtoras, que incluem a limpeza do grão, a monda, a secagem do grão, a gestão de pragas, a colheita, o armazenamento de sementes, a aplicação de fertilizantes e o controlo de doenças. As mulheres também foram as principais responsáveis pela tomada de decisões na maioria das actividades de produção de arroz, como a plantação, a monda, a gestão de pragas, a aplicação de fertilizantes, a colheita e o controlo de doenças. E na comercialização do produto do arroz, as mulheres são responsáveis pela venda do arroz aos seus clientes. Apesar dos papéis significativos que as mulheres desempenham na produção de arroz, elas enfrentam problemas de falta de acesso a insumos e implementos agrícolas, serviços de crédito e chuvas irregulares. As mulheres produtoras de arroz precisam de ter acesso a produtos de boa qualidade, incluindo mão de obra e tecnologias que poupem tempo. Receberam apoio de organizações relacionadas sob a forma de sementes de boa qualidade, fertilizantes, pesticidas, máquinas de debulha, máquinas de moagem, semeadoras, construção de caminhos/diques e pontes, apoio técnico e reforço de capacidades. O estudo recomenda que se melhore o acesso e a posse de recursos produtivos por parte das mulheres produtoras de arroz, bem como tecnologias que poupem trabalho e tempo e que possam ser utilizadas pelas mulheres produtoras de arroz para as aliviar de tarefas pesadas.
Palavras-chave: Papéis das mulheres, produção de arroz, Gâmbia

DEDICAÇÃO

Às memórias vivas dos meus falecidos pais Masanneh Sanyang e Sally Yabou. Devo-lhes cada pedaço da minha existência.

À minha querida esposa Sukai Jawara pelo seu amor, carinho, compreensão e paciência.

Aos meus lindos e preciosos filhos Fatoumatta, Sally (nome da minha adorável e carinhosa mãe) e ao meu filho Alieu Sanayang (Wally), que nasceu durante os meus estudos, por não ter tido o amor paternal.

E, finalmente, ao Sr. Lang Yabou e à sua família por todo o apoio e encorajamento que me deram.

RECONHECIMENTO

Antes de mais, gostaria de agradecer a Deus pela Sua orientação e apoio que me permitiram concluir com êxito este programa de mestrado. Gostaria de expressar a minha sincera gratidão à Cooperação Internacional da Tailândia (TICA) por me ter proporcionado todo o financiamento necessário para prosseguir este programa.

Gostaria de agradecer sinceramente ao meu orientador, o Professor Associado Dr. Chaicharn Wongsamun, do Departamento de Extensão Agrícola da Faculdade de Agricultura da Universidade de Khon Kaen, por ter sempre arranjado tempo, nas suas horas de maior atividade, para analisar minuciosamente todos os projectos que lhe foram apresentados e por ter dado críticas construtivas e sugestões para garantir a qualidade do trabalho de investigação.

Gostaria também de expressar a minha sincera gratidão ao Ass. Samsak, juntamente com a sua equipa do MRDM, pelo importante papel desempenhado para garantir que este estudo fosse concluído com êxito.

A minha profunda gratidão vai para o Sr. Papa Sanneh do Ministério do Ensino Superior e para o Sr. Alh. Ousainou B. Jobarteh, Diretor do Desenvolvimento Comunitário, pelo seu valioso apoio e encorajamento.

Gostaria de expressar os meus sinceros agradecimentos à Sra. Musu Komma-Bah pelo seu precioso tempo para me orientar durante o processo de introdução e análise de dados. Também agradeço sinceramente aos Srs. Ebrima Sawaneh, Jero Manneh, Alieu Bahoum e Bakary KS Sanyang pelos seus valiosos comentários para melhorar a qualidade da investigação.

O meu profundo agradecimento vai para toda a minha família pelo enorme apoio dado à minha querida esposa e filhos durante a minha ausência. Os meus sinceros agradecimentos aos Srs. Gidom Jawo e Seedou Sey pela recolha de dados primários para a investigação. E, finalmente, agradeço aos inquiridos por fornecerem informações sem as quais esta investigação não seria bem sucedida.

Capítulo 1

INTRODUÇÃO

1.1 Antecedentes

A Gâmbia é uma das nações mais pequenas e mais pobres de África, ocupando o 165º lugar entre 187 nações no Índice de Desenvolvimento Humano de 2013 do Programa das Nações Unidas para o Desenvolvimento. A pobreza é extensa, mas principalmente rural. De acordo com o Índice de Pobreza Multidimensional de 2014, mais de 60 por cento da população em geral é pobre. E nas zonas rurais, esta percentagem aumenta para cerca de 75 por cento (FIDA, 2014).

A razão fundamental da elevada taxa de pobreza é a falta de diversidade económica do país, resultando consequentemente na suscetibilidade do país ao aumento imprevisível das chuvas, à intrusão da água do mar nas terras agrícolas, à instabilidade dos preços dos produtos alimentares e às crises financeiras. Os sinais de pobreza nas zonas rurais da Gâmbia incluem uma grande escassez de alimentos e baixos rendimentos, principalmente devido à quebra de colheitas, o que leva à escassez de dinheiro. A pobreza pode ser encontrada em todo o país; no entanto, é principalmente nas três regiões do país, nomeadamente: Região do Baixo Rio, Região do Alto Rio e Região da Margem Norte, onde aproximadamente 67% da população é pobre. Mais de 60% da população da Gâmbia é pobre e depende maioritariamente da agricultura para viver. Pelo menos 50% da população pobre do país é composta por agricultores e trabalhadores agrícolas (FIDA, 2014).

Durante a estação das chuvas, que começa entre julho e setembro de cada ano, a maioria das unidades familiares nas zonas rurais sofre normalmente de escassez de alimentos. Isto acontece geralmente quando as reservas alimentares do período de colheita anterior são muito baixas ou totalmente consumidas. Para cobrir as suas necessidades alimentares, estas unidades familiares gastam o rendimento que obtiveram com a venda de amendoins e de outras grandes culturas de rendimento ou com subsídios de amigos e familiares. No entanto, a verdade é que a maior parte destas unidades familiares rurais pobres da Gâmbia não ganham o suficiente com a sua produção agrícola para se alimentarem, e muito menos para manterem um bom nível de vida, ou para avançarem exclusivamente da subsistência para sistemas agrícolas mais industriais e sustentáveis. Isto acabou por os manter num círculo cruel de aversão ao risco, utilização restrita de factores de produção, baixa produção e baixo rendimento. Durante as últimas crises económicas mundiais, combinadas com a seca de 2011 e com o aumento dos custos dos alimentos e dos combustíveis, agravaram a situação económica do país, conduzindo a inúmeras dificuldades para os agregados familiares pobres nas zonas rurais e empurrando muitas mais pessoas para a pobreza extrema. Por exemplo, o aumento do custo de um saco de arroz, que é a cultura de base, tornou muito difícil para muitas famílias pobres manterem a sua ingestão diária normal de alimentos em termos de quantidade e qualidade.

Devido ao facto de metade da população total da Gâmbia ser constituída por mulheres, estas contribuem para uma grande parte da força de trabalho total na Gâmbia. As mulheres são também a maioria da população ativa nas zonas rurais, representando mais de 50% da força de trabalho na agricultura e produzindo assim quase 40% da produção agrícola total (FIDA, 2014). Especificamente, a cultura do arroz, tanto nas zonas de montanha como nas zonas de planície, é geralmente efectuada por mulheres; no entanto, a produção é muito baixa devido às tecnologias e práticas agrícolas básicas utilizadas. Para complementar a segurança alimentar da sua família, um maior número de mulheres agricultoras dedica-se a actividades hortícolas, por exemplo, o cultivo de legumes e frutas, e a maioria delas cria pequenos animais. Apesar disso, a Gâmbia ficou em 128.º lugar entre 148 países no Índice de Desigualdade de Género em 2012, o que revela a vulnerabilidade geral das mulheres no país. Em comparação com os seus homólogos masculinos, elas enfrentam uma maior incidência e gravidade da pobreza. Por tradição, as mulheres não possuem nem controlam terras. Não têm regularmente acesso a crédito para se aventurarem em actividades geradoras de rendimentos e desempenham geralmente um papel limitado na tomada de decisões que afectam seguramente as suas vidas (FIDA, 2014).

As mulheres da Gâmbia desempenham um papel muito importante na cultura do arroz, sendo responsáveis pelo arroz de pântano e de sequeiro e também realizam numerosos trabalhos nos campos de arroz que são controlados pelos seus homólogos masculinos, embora algumas tenham a propriedade pessoal do campo de arroz irrigado. Os homens cultivam normalmente culturas como o amendoim, o milho, a mapira, o algodão, o arroz de regadio e o painço nas terras altas. A moagem tradicional do arroz nos arrozais é inteiramente efectuada pelas mulheres. No entanto, tanto as mulheres como os homens dedicam-se, individualmente ou em grupo, à moagem comercial do arroz. E além disso, ambos estão envolvidos no comércio de arroz, mas este é maioritariamente feito por mulheres. As mulheres contribuem ativamente com mão de obra para a produção global de arroz, como a lavoura, a transplantação, a monda e a colheita. Após a colheita, as mulheres continuam a assumir a responsabilidade de armazenar os grãos de arroz e de os transformar (ou seja, secar e moer) para o consumo das suas famílias.

1.2 Declaração do problema

O arroz é o alimento de base da Gâmbia. De acordo com os resultados do Inquérito Nacional por Amostragem, durante muitos anos, as mulheres sempre foram e continuam a ser as principais produtoras de arroz de terras altas e de arroz de pântano (96,6%). O nível de produção e os rendimentos desses campos continuam a ser muito baixos devido à falta de mão de obra e de tecnologias que poupem tempo e a outros factores de produção, como o crédito e os factores de produção sazonais. O impacto negativo desta baixa produção tem uma dimensão nacional, uma vez que o país continua a depender da importação de arroz para se alimentar. Este facto foi seriamente sentido em 2008, quando a produção mundial de arroz foi baixa e os países exportadores suspenderam a importação de arroz para alimentar a sua população. Isto criou definitivamente a necessidade de todos nós olharmos para trás e concentrarmo-nos na produção local por razões de segurança. Na Gâmbia, isto só pode acontecer se for dada uma atenção séria às mulheres produtoras de arroz e à necessidade urgente de as libertar das enxadas ou do trabalho manual. É necessário remover as alfaias agrícolas e o equipamento de transformação pós-colheita, que consomem muito tempo e trabalho.

As mulheres desempenham um papel crucial na agricultura e nos meios de subsistência rurais, mas não têm acesso nem propriedade sobre os recursos e os activos de produção. Esta situação afecta gravemente a sua produção. Existe uma grande desigualdade no que respeita à propriedade da terra e à tomada de decisões (NASS 2004/2005).

O arroz, que é o principal alimento para a maioria dos agregados familiares, é importado da Ásia para satisfazer a procura. De acordo com o Gabinete de Estatísticas da Gâmbia (GBoS, 2013), o governo da Gâmbia gastou D1, 320.373.000 (mil milhões, trezentos e vinte milhões, trezentos e setenta e três mil Dalasi) na importação de arroz para o país em 2013.

A produção de arroz na Gâmbia é inferior a 15% das suas necessidades para alimentar o país e, por conseguinte, tal como consagrado no documento de política da Agricultura e dos Recursos Naturais, são absolutamente necessárias estratégias de intervenção muito vigorosas, eficazes e cruciais para acelerar esta baixa produtividade, a fim de que o país atinja a autossuficiência alimentar.

1.3 Fundamentação do estudo

A agricultura é o principal motor da economia do país e também uma importante fonte de geração de rendimentos para a maioria dos gambianos, em especial os que vivem nas zonas rurais. O arroz é o principal alimento de 90% da população da Gâmbia e o aumento da sua produtividade e produção contribuirá para melhorar a auto-segurança alimentar no país e reduzirá o ónus que recai sobre o governo de importar arroz para satisfazer a procura. Além disso, estima-se que 78% das mulheres economicamente activas envolvidas na agricultura são consideradas extremamente pobres (IHS, 2003), pelo que desempenham um papel muito importante na produção de arroz na Gâmbia.

A Região Hidrográfica Central é considerada como o cabaz alimentar do país devido à fertilidade dos seus solos. Este facto levou a região a ser o principal produtor de arroz do país. A região tem vindo a produzir outras culturas importantes, como o painço, o amendoim e, sobretudo, a criação de animais. O seu rendimento continua a ser baixo e vivem na pobreza porque a maior parte da sua agricultura é baseada na agricultura de subsistência e não comercial devido à falta de recursos produtivos.

Em termos de responsabilidades relativas de gestão de género para o arroz de sequeiro, as mulheres geriam mais de 77% dos campos de arroz de terras altas e aproximadamente 89% dos campos de arroz de pântano. A menor proporção de campos de arroz de pântano geridos por mulheres é uma indicação do facto de os campos de arroz irrigado serem principalmente detidos e geridos por homens (DMCI, 2014).

Na área de estudo, as mulheres produtoras de arroz desempenham um papel muito importante na produção vegetal e animal, especialmente para a alimentação e a geração de rendimentos. Contribuem imensamente para garantir a segurança alimentar do agregado familiar e para fazer face às suas despesas sociais, económicas e culturais.

De acordo com o relatório do inquérito estatístico agrícola de 2004/2005, as mulheres agricultoras são também responsáveis por 40% da produção agrícola total do país. No que respeita à produção de culturas alimentares, as mulheres produzem 96,6% do arroz cultivado no país. Outras culturas (de rendimento e alimentares) maioritariamente cultivadas por mulheres em grande escala são: Amendoim, milho, painço e legumes. Por outro lado, as mulheres estão ativamente empenhadas na criação de animais. Verifica-se que possuem 52% e 70% das ovelhas e cabras, respetivamente, no país (NASS, 2004/2005).

A informação recolhida nesta investigação será de imenso benefício não só para o sector agrícola, mas para o país como um todo, em virtude do papel significativo que as mulheres desempenharam no sector da nossa economia, dominado pelos homens. Uma melhor compreensão do papel das mulheres agricultoras da Gâmbia na produção de arroz contribuirá imensamente para a concretização da Visão 2016 de autossuficiência alimentar e da Visão 2020, que são as linhas mestras da Gâmbia.

Aumentar o nível de produção e produtividade do arroz é um objetivo político importante da Gâmbia que levou ao desenvolvimento da Estratégia Nacional de Desenvolvimento do Arroz (NRDS) em dezembro de 2014. Para implementar esta estratégia, o governo precisa de informações sobre o papel das principais partes interessadas na produção de arroz. Esta informação não pode ser fornecida a menos que seja efectuada investigação para descobrir o papel significativo que as mulheres desempenham na produção de arroz, o que justifica ainda mais a necessidade de estudar o papel das mulheres na produção de arroz.

Foram efectuados estudos sobre o papel das mulheres na agricultura da Gâmbia, mas não se debruçam especificamente sobre o papel das mulheres na produção de arroz e os problemas que enfrentam. A contribuição das mulheres na produção de arroz na Gâmbia é excecionalmente maior do que a dos homens, mas apesar destes factos, o seu papel continua a não ser reconhecido. A sua contribuição social e económica para o desenvolvimento nacional tem sido frequentemente subavaliada e subestimada, criando uma lacuna de informação que precisa de ser preenchida, o que constitui uma das razões desta investigação.

1.4 Questões de investigação

O estudo tem como objetivo dar resposta às questões de investigação que se seguem;

1. Quais são os papéis das mulheres produtoras de arroz na produção de arroz?
2. Quais são os problemas e as necessidades das mulheres produtoras de arroz na produção de arroz?
3. Quais são os apoios que as mulheres produtoras de arroz recebem de organizações afins?

1.5 Objectivos da investigação

Os objectivos da investigação incluem;

1. Identificar o papel das mulheres na produção de arroz.
2. Identificar os problemas e as necessidades das mulheres agricultoras na produção de arroz.
3. Identificar os apoios que as mulheres agricultoras receberam de organizações relacionadas.

1.6 Âmbito e limitações da investigação

A investigação examinou o papel das mulheres na produção de arroz na margem sul da Região do Rio Central da Gâmbia. Esta área é o principal cabaz alimentar do país, simplesmente devido ao elevado cultivo de arroz na região.

Em todos os estudos, existem, de alguma forma, alguns tipos de limitações e, por conseguinte, este estudo não é exceção. A altura do estudo coincide com a estação das chuvas e a maioria das mulheres produtoras de arroz estava muito ocupada nos seus campos de arroz, pelo que foi difícil ter acesso a elas. Em segundo lugar, houve alguma limitação de recursos que impediu a investigação de recrutar mais trabalhadores de campo e de os formar na recolha de dados. Por conseguinte, para ultrapassar estas duas limitações, o investigador realizou uma formação exaustiva com alguns trabalhadores no terreno sobre a recolha de dados, a fim de lhes permitir compreender claramente os instrumentos de investigação.

1.7 Resultados esperados

Os resultados do estudo serão utilizados em geral para o desenvolvimento da produção de arroz na Gâmbia, em virtude da contribuição das mulheres para a produção alimentar. Esperam-se os seguintes resultados desta investigação/estudo;

1. Compreensão e apreciação do papel das mulheres na produção de arroz.
2. Compreensão dos problemas e das necessidades das mulheres agricultoras na produção de arroz, bem como dos apoios que as mulheres produtoras de arroz recebem de organizações afins.
3. A informação recolhida a partir deste estudo irá também aumentar o conhecimento do serviço de extensão agrícola e de outros parceiros de desenvolvimento para ajudar a melhorar a produtividade e a produção das mulheres.

1.8 Definição de termos

1) **Papéis:** O trabalho/funções na produção de arroz desempenhado pelas mulheres. Estes papéis incluem a tomada de decisões, a produção e a comercialização na cultura do arroz.

2) **Mulheres:** Refere-se às mulheres cuja principal ocupação é o cultivo de arroz.

3) **Tomada de decisão:** A tomada de decisão é considerada como o resultado de processos mentais, um processo cognitivo que conduz à seleção de um curso de ação entre numerosas alternativas. Cada processo de tomada de decisão produz uma escolha final. O resultado pode ser uma ação ou uma opinião (MN Anwar, 2011).

4) **Marketing:** é definido como uma troca de valor, é uma troca bidirecional de valor entre um comerciante e um consumidor, fornecendo o produto ou serviço certo ao alvo certo no estado certo de necessidade e utilizando os veículos certos para a interação e a compra (Kotler, 2011).

5) **Produção:** Os processos e métodos utilizados pelas mulheres agricultoras para alterar os factores de produção tangíveis (matérias-primas) e intangíveis (ideias, informações, conhecimentos) para produzir arroz para consumo e venda (Jules, 2012).

6) **Apoio:** é definido como um serviço organizado destinado a melhorar as condições de vida das mulheres produtoras de arroz, proporcionando-lhes melhores métodos e práticas na sua atividade agrícola (Flores, Bueno e Lapastora, 1983).

Capítulo 2

REVISÃO DA LITERATURA

2.1 Papéis das mulheres na agricultura

Reconheceu-se que, nos países em desenvolvimento, as mulheres contribuíram imensamente para a segurança alimentar, tanto no seu agregado familiar como na comunidade em geral. Nos últimos 30 anos, a importância do seu papel como produtoras de alimentos foi reconhecida e apoiada tanto por organismos internacionais como pelos seus próprios governos nacionais. Lideradas pela Organização das Nações Unidas (ONU), várias actividades internacionais centraram inicialmente a atenção no tema das mulheres e da alimentação. Em 1974, na conferência mundial sobre a alimentação, as mulheres obtiveram o reconhecimento dos organismos internacionais pelo seu valioso contributo para a luta contra a fome no mundo. As Nações Unidas declararam 1976-1984 como a Década da Mulher e apresentaram a ideia de integrar as mulheres no desenvolvimento, que depois se tornou género no desenvolvimento. "As mulheres na produção de alimentos, na manipulação de alimentos e na nutrição" foram os temas apresentados às organizações nacionais e internacionais que se dedicavam às mulheres e às questões de género para que incorporassem estes temas nas suas agendas de desenvolvimento. No entanto, a Conferência Mundial sobre a Reforma Agrária e o Desenvolvimento Rural, realizada em 1979, marcou o ponto de viragem, pois reuniu um enorme apoio ao papel económico das mulheres e à sua contribuição para o desenvolvimento agrícola, proporcionando-lhes o acesso a recursos que irão melhorar a sua produtividade, tais como insumos, serviços, água e terra (FAO, 1981 citado em Holmboe-Ottesen, Mascarenhas e Wandel 1989).

Nos países em desenvolvimento, as mulheres dão contributos valiosos para a agricultura, mas os seus papéis diferem significativamente de região para região e estão a mudar rapidamente noutras áreas.

Representam 43% da força de trabalho na agricultura nos países em desenvolvimento, 20% na América Latina e 50% na Ásia Oriental e na África Subsariana. A natureza e a contribuição do seu trabalho na agricultura diferem e centram-se inteiramente nas culturas e actividades específicas. Mas há uma coisa comum em todas as regiões, ou seja, elas têm menos direito a utilizar os recursos e as oportunidades do que os homens (FAO, 2011). A disponibilização de recursos, conhecimentos e emprego às mulheres rurais aumentaria o seu nível de produção na agricultura, conduzindo à segurança alimentar e à melhoria dos rendimentos e do seu bem-estar social. As mulheres trabalham como mão de obra remunerada ou não remunerada nas suas próprias explorações familiares, bem como nas suas explorações e empresas agrícolas. As mulheres estão envolvidas na produção vegetal e animal, tanto para fins de subsistência como comerciais. Dedicam-se principalmente à agricultura mista, que envolve culturas, pecuária e pesca, e produzem tanto alimentos como culturas de rendimento (FAO, 2011).

As mulheres e os homens participam igualmente na limpeza do terreno, na preparação da terra, na sementeira e na plantação da produção agrícola. As mulheres continuam a realizar outras tarefas, como a monda, a colheita, o transporte, a debulha, a transformação e o armazenamento. Os homens utilizam alfaias mecânicas para efetuar as tarefas, enquanto as mulheres utilizam ferramentas tradicionais locais para o trabalho intensivo. As mulheres estão envolvidas na aplicação de fertilizantes, na plantação, na monda, na colheita com as mãos e no transporte dos produtos às costas. Durante a pós-colheita, as mulheres passam muito tempo na sua exploração agrícola devido ao tipo de alfaias que utilizam. Por conseguinte, a participação das mulheres na preparação da terra, no transporte e na comercialização dos produtos agrícolas é muito reduzida (FAO, 1996; FAO, 2003b).

A contribuição das mulheres na agricultura, especialmente na produção de culturas, é muito bem reconhecida pela FAO (2000). A investigação revelou que, em alguns países como a Jordânia, a Síria, a Mauritânia e a Turquia, as mulheres realizam actividades de mão de obra intensiva na produção agrícola. Enquanto no Sudão e no Egito, as mulheres realizam todos os aspectos do trabalho na produção de culturas, como o controlo de pragas, a sementeira, a preparação da terra, o tratamento de sementes e o transporte. No Egito, 50% das mulheres desempenham um papel no tratamento de sementes e na colheita de amendoins. Em Marrocos, as mulheres foram responsáveis por 34,8% do trabalho ligado à produção de cereais, leguminosas e forragens e os estudos revelaram que a proporção total da participação das mulheres era de 41% na produção vegetal. No Quénia, as mulheres geriam cerca de 40% das explorações agrícolas e dedicavam grande parte do seu tempo a cuidar das suas culturas. De acordo com Earth (1999), as mulheres cultivam 60 a 80% de todas as culturas alimentares e trabalham nas suas explorações durante quase 16 horas por dia. Em África, indica-se que as mulheres produzem 70% da produção total de alimentos de base e estão envolvidas na sua transformação e comercialização (Saito e Weideman, 1990). O valor monetário do trabalho não remunerado das mulheres era substancial. As actividades domésticas das mulheres urbanas representam 35% do Produto Nacional Bruto (PNB) e 38% do rendimento familiar no Paquistão. Na Malásia, 56% do rendimento monetário do agregado familiar era atribuível às actividades de subsistência das mulheres.

Vários indivíduos e organizações efectuaram estudos semelhantes sobre o papel das mulheres na agricultura. Khan (2012) realizou um estudo no distrito de Peshawar, no Paquistão, para investigar o papel das mulheres nas actividades agrícolas. O estudo revelou que as mulheres não participam ativamente nas actividades agrícolas. Passavam a maior parte do seu precioso tempo em actividades pós-colheita do que em actividades pré-colheita. O estudo revelou ainda que a falta de formação, os problemas financeiros, as restrições culturais e os serviços de extensão inadequados eram os principais problemas enfrentados pelas mulheres envolvidas em actividades agrícolas.

O estudo de Franklin (2007), realizado em nove países africanos, concluiu que, embora as mulheres estejam presentes em maior grau nas organizações agrícolas ou rurais, tendem a constituir uma baixa proporção dos membros e não estão frequentemente representadas em níveis mais elevados de liderança para tomar decisões (Mmasa, 2013).

Na Nigéria, Fabiyi et al, (2007) efectuaram uma investigação sobre o papel das mulheres no desenvolvimento agrícola e os seus constrangimentos na área do governo local de Biliri. Os resultados mostraram que as mulheres desta zona estão muito envolvidas na agricultura, para além dos seus papéis legítimos de esposas e mães. Estão envolvidas em todas as actividades agrícolas, desde a limpeza da terra até à colheita, transformação e comercialização dos produtos. Cultivam diversas culturas, criam animais e aves de capoeira. Contribuíram enormemente para a produção, transformação e conservação de alimentos. Deve ser dada uma atenção considerável aos seus constrangimentos, porque as mulheres são a espinha dorsal do desenvolvimento agrícola e da segurança alimentar na Nigéria.

Owolabi et al (2011) realizaram uma investigação para examinar a acessibilidade das mulheres a três principais factores de produção, nomeadamente: Insumos agrícolas (fertilizantes, tecnologia moderna, sementes melhoradas, etc.), facilidade de crédito e contacto com agentes de extensão. Os resultados revelaram que as mulheres na área de estudo estavam predominantemente envolvidas na agricultura, como a produção de culturas e a criação de gado. A tecnologia tradicional continua a ser a prática das mulheres agricultoras. As agricultoras entrevistadas queixaram-se da falta de acesso a insumos agrícolas, facilidades de crédito e contacto com extensionistas, situação que as impediu de investir na produção agrícola. O estudo recomendou que as mulheres agricultoras deveriam receber incentivos, particularmente na área dos factores de produção (facilidades de crédito, fertilizantes e sementes melhoradas, entre outros) e oportunidades de educação.

2.2 Mulheres na produção de arroz

O arroz é o principal alimento de milhões de pessoas nas zonas rurais da Ásia e da África Subsariana. A produção de arroz fornece alimentos, meios de subsistência e rendimentos para os agricultores pobres das comunidades rurais. Na agricultura rural pobre, o trabalho doméstico é assegurado pelos membros da família e, por vezes, por mão de obra contratada. As relações de género e a divisão do trabalho por género diferem consoante o país, o ecossistema agrícola, o estatuto socioeconómico, as normas culturais, o nível de mecanização, a orientação para o mercado e a disponibilidade de mão de obra masculina. As mulheres contribuem com 50% do total de mão de obra na produção de arroz, tanto na Ásia como na África Subsariana. Apesar do papel significativo das mulheres como mão de obra não remunerada e/ou como trabalhadora agrícola assalariada na produção, colheita e processamento de arroz, as suas contribuições não são totalmente relatadas e mostradas nas estatísticas agrícolas da maioria dos países. (GRiSP, 2013).

Consequentemente, a crença de que "as mulheres não são agricultoras" acabou por levar à sua exclusão dos programas de investigação agrícola para o desenvolvimento. As contribuições económicas invisíveis das mulheres como principais produtoras, gestoras de explorações agrícolas e geradoras de rendimentos tornaram-se visíveis através da recolha de dados desagregados por género na produção e nas operações após a colheita a partir de inquéritos de base aos agregados familiares (GRiSP, 2013). Com base no exposto, pode-se argumentar que as mulheres são activos valiosos para o desenvolvimento económico de qualquer nação, mais particularmente dos países em desenvolvimento.

O reconhecimento dos papéis de género em operações específicas e dos constrangimentos, necessidades e oportunidades específicos das mulheres nas cadeias de valor do arroz e na gestão do gado revelaram que as mulheres constituem uma categoria distinta de consumidores e potenciais beneficiários de tecnologias. Por conseguinte, o arroz e as tecnologias relacionadas com o arroz terão um efeito no seu trabalho e rendimento. Por sua vez, as mulheres podem influenciar poderosamente o desenvolvimento e a aceitação de tecnologias, que afectam os seus papéis tradicionais e responsabilidades (GRiSP, 2013).

As mulheres desempenham um papel importante no sector mundial do arroz e trabalham como mão de obra familiar remunerada e não remunerada. Em muitas partes da Ásia, as mulheres contribuem com, pelo menos, metade da mão de obra total na produção de arroz, realizando tarefas penosas como a transplantação e a monda. As mulheres continuam a ocupar-se do armazenamento das sementes e do processamento do arroz, ou seja, da secagem e moagem após a colheita para o consumo doméstico (GRiSP, 2013).

As mulheres africanas realizam grande parte do trabalho nos sistemas tradicionais de produção de arroz de sequeiro e de terras altas e desempenham um papel muito importante na cadeia de valor do arroz após a colheita. No entanto, estas mulheres enfrentam numerosos constrangimentos devido à existência de estereótipos de género e de restrições sociais que dificultam o seu acesso aos conhecimentos técnicos e às tecnologias. É geralmente reconhecido que a melhoria da contribuição das mulheres na investigação em agricultura para o desenvolvimento e extensão irá acelerar a realização dos objectivos de desenvolvimento, tais como a redução da pobreza e o aumento da segurança alimentar (GRiSP, 2013). As mulheres africanas desempenham um papel fundamental na agricultura, pois são o principal suporte da agricultura do continente, uma vez que produzem alimentos básicos para a região. A taxa excessiva de migração masculina das aldeias para as cidades fez com que muitas mulheres desempenhassem um papel mais importante na agricultura (GRiSP, 2013).

A Organização das Nações Unidas para a Alimentação e a Agricultura (FAO) considerou que, apesar do contributo significativo das mulheres para a agricultura nas zonas rurais, estas continuam a ter um acesso limitado a recursos como, por exemplo, fertilizantes e sementes melhoradas, terra, crédito e equipamento de poupança de mão de obra (GRiSP, 2013). O arroz é considerado uma cultura feminina na maioria dos países da África subsariana. A maioria dos 20 milhões de produtores de arroz que cultivam arroz em terras altas na África Central e Ocidental são principalmente mulheres. Durante o cultivo do arroz, as mulheres fornecem uma enorme quantidade de mão de obra sob a forma de criação de aves, sementeira, colheita, monda, transformação e comercialização. Da mesma forma, em países da África Oriental como a Tanzânia e o Uganda, as mulheres desempenham um papel fundamental na produção de arroz nos seus países (AfricaRice, junho de 2011).

2.3 O papel das mulheres na produção de arroz

Em todo o mundo, as mulheres desempenham um papel importante na produção de arroz, desde a produção até ao consumo. Os papéis que desempenham diferem de país para país ou de região para região. Mas há alguns papéis que desempenham habitualmente e que são indicados a seguir.

2.3.1 Produtor

Investigações conexas salientaram que o papel das mulheres agricultoras na produção de arroz varia consoante o país, com base nas culturas e tradições. Por exemplo, a FAO

(2004) salientou que, em geral, as tarefas agrícolas como a plantação, a monda, a colheita, a transformação, a gestão e a conservação das sementes são efectuadas pelas mulheres. Da mesma forma, de acordo com o GRiSP (2013), em África e na Ásia, as mulheres realizam grande parte do trabalho pesado. No leste da Índia, diferentes operações, como a preparação da terra e a difusão de sementes, o transplante, a monda e a colheita, são efectuadas por 100% dos homens, 90%-85% dos homens, 80% das mulheres, 100% dos homens, 70%-80% das mulheres, 60%-70% das mulheres e 80%-90% das mulheres, respetivamente (Sigh e Paris, 2000). Na Serra Leoa, as mulheres são principalmente responsáveis pela plantação, monda e colheita, enquanto os homens efectuam a preparação da terra (Kroma, 2002).

Uma outra constatação foi feita por Foyong e Mbah (2007) na zona rural de Ndop (Camarões), onde as diferentes actividades, como a lavoura, a transplantação e a colheita, eram realizadas tanto por homens como por mulheres. Na Tanzânia, a maioria dos agricultores são mulheres e dão um contributo importante para a produção alimentar e para a transformação e comercialização de produtos alimentares. Estão envolvidas em todos os aspectos da mudança de valor do arroz, nomeadamente a plantação, a monda, o afugentamento das aves, a colheita, a transformação e o comércio (RIDC, 2009). Em contrapartida, em certos países como o Senegal, a cultura do arroz é considerada como uma atividade estritamente feminina (Banco Mundial, 2008).

2.3.2 Tomador de decisões

As mulheres rurais desempenham um papel importante na vida doméstica e socioeconómica da sociedade, pelo que o desenvolvimento nacional não é possível sem o desenvolvimento deste importante e considerável sector da nossa sociedade. A tónica é colocada numa mudança planeada e desejável que depende em grande medida da decisão racional das mulheres rurais. Em quase todos os países, os homens desempenham um papel ativo na tomada de decisões em várias áreas da agricultura, porque a sua influência na agricultura não foi reconhecida . Este facto foi confirmado pelo estudo realizado por Kishor, Gupta, Yadow S. R. e T. R. Sign (1999) sobre o papel das mulheres rurais no processo de tomada de decisões na agricultura. Concluiu-se que a tomada de decisões é da inteira responsabilidade do marido (homem). E que o grau de participação das mulheres na tomada de decisões é influenciado pela idade, nível de educação, família conjunta ou nuclear, casta, posse de terra e estatuto socioeconómico. Entre estes factores, a educação foi considerada uma variável essencial que influencia o envolvimento das mulheres nos processos de tomada de decisão na agricultura. Hwang et la, (2011) estudaram o papel das mulheres na tomada de decisões no seio do agregado familiar na Coreia e nas Filipinas e descobriram que, apesar de as mulheres terem um papel importante no agregado familiar agrícola, têm menos poder no processo de tomada de decisões.

O facto de as mulheres participarem plenamente no processo de tomada de decisões no domínio da agricultura contribuiria para melhorar a sua produção agrícola, garantir a disponibilidade de alimentos e reduzir o nível de pobreza nas famílias rurais. Este facto foi confirmado por um estudo realizado por Albright (2006) sobre "quem dirige a exploração agrícola". 35% das mulheres inquiridas afirmaram que as suas funções de tomada de decisões e de liderança na exploração agrícola aumentaram nos últimos anos e mais de metade dessas mulheres indicaram que isso conduziu a uma melhoria da gestão do trabalho e do rendimento ou das finanças familiares. Além disso, as mulheres têm de ser capacitadas na agricultura para que o terceiro Objetivo de Desenvolvimento do Milénio (ODM), aprovado pela Declaração do Milénio da ONU em 2000, possa ser realizado. Mahmud, Shah e Becker (2002) observaram que um elemento crucial do empoderamento está relacionado com o controlo dos recursos materiais, humanos e sociais.

As mulheres não são consideradas como parceiros iguais na tomada de decisões no domínio da agricultura. Koppen (2001) explicou que o papel dos homens era mais forte na tomada de decisões no sector agrícola do que o das mulheres. Atta (2000) concluiu que 57,9% das mulheres não estão envolvidas na tomada de decisões de compra ou venda de terras. Paul e Saadullah (1991) constataram que as mulheres tomavam 70% das decisões relacionadas com a comercialização de aves de capoeira, enquanto tanto as mulheres como os seus homólogos masculinos tomavam 70 a 90% das decisões.

2.3.3 Comerciante

A comercialização do arroz é o funcionamento de todas as actividades comerciais no fluxo do arroz em casca e do arroz branqueado, desde o ponto de produção primária até chegarem às mãos dos consumidores finais (Ihene, 1996). Enquanto Akinbode, (2003) também salientou que a comercialização efectiva implica a venda e a compra e o movimento (transporte) de alimentos de e para o ponto de venda ao comprador. De acordo com as definições anteriores, pode dizer-se que as mulheres desempenham um papel fundamental na comercialização do arroz. Por exemplo, em Fillipin, os homens estão muito envolvidos na produção, enquanto as mulheres estão principalmente envolvidas na transformação e comercialização. Os homens estão mais empenhados na comercialização da palma, enquanto as mulheres estão envolvidas na comercialização do arroz transformado. As mulheres têm geralmente um conhecimento mais claro das preferências e preconceitos dos consumidores e têm um acesso mais fácil à informação sobre a comercialização e os preços (Adalla C.B, 1988). No estado de Enugu, na Nigéria, as mulheres constituem a esmagadora maioria da população envolvida no mercado de produtos agrícolas (Eze, Onwubuya e Ezeh, 2010).

2.4 Problemas encontrados pelas mulheres produtoras de arroz

Não obstante a enorme contribuição das mulheres para a agricultura, várias conclusões indicam que as mulheres agricultoras em geral enfrentam alguns desafios, como a falta de acesso a recursos produtivos suficientes, como terra, crédito, insumos agrícolas, educação, serviços de extensão e tecnologia adequada, devido a vários factores socioeconómicos (Omiunu, 2014).

Além disso, Amazon et al. constataram que a falta de sensibilização devido à baixa taxa de alfabetização dificulta o acesso das mulheres aos recursos agrícolas, afectando assim a sua produtividade. Os produtores de arroz também são afectados por uma série de factores, incluindo o fraco acesso a sementes de boa qualidade, fertilizantes, agroquímicos, preços baixos ao produtor, falta de equipamento mecanizado para debulhar e joeirar, o que reduz a qualidade do arroz em casca, aumenta o custo da mão de obra, falta de acesso ao crédito e à informação sobre o mercado. Um melhor acesso dos agricultores a estes recursos aumentaria possivelmente a produtividade das explorações agrícolas e reduziria os custos de produção, aumentando assim a capacidade competitiva dos produtores de arroz (Omiunu, 2014).

No Gana, os problemas mais importantes com que se deparam os produtores de arroz são o elevado custo dos factores de produção, como os fertilizantes, os serviços de tração durante a lavoura e um mercado desfavorável. Outros problemas incluem: má distribuição da chuva, infestação de ervas daninhas, baixa fertilidade do solo, falta de serviços de extensão, falta de facilidades de crédito, bem como falta de variedades melhoradas (Asare I. K. 2000).

Norman et al destacaram que as mulheres enfrentam vários constrangimentos que reduzem a sua produtividade na exploração agrícola e incluem: falta de acesso ao crédito; insumos e máquinas agrícolas; má gestão da fertilidade do solo; seca e mau controlo da água; alta incidência de pragas, ervas daninhas, doenças; e falta de mão de obra. E finalmente, (O Teng, 1994; Misar, 2002; AAG, 2004; OXFAM, 2005) destacou alguns dos constrangimentos na produção de arroz, incluindo serviços de extensão deficientes; plantação tardia; organização ineficaz dos agricultores; manuseamento pós-colheita deficiente; transformação e comercialização; e infra-estruturas rurais inadequadas.

2.5 Apoio recebido pelos produtores de arroz

Numa altura em que a agricultura de pequena escala está a mudar rapidamente em resultado da comercialização, da globalização, das alterações climáticas, das novas tecnologias e dos padrões de migração, é importante conhecer o papel vital que as mulheres desempenham na agricultura. Elas precisam de apoio para as ajudar a habituarem-se a estas mudanças e a agarrarem as oportunidades crescentes. Os projectos apoiados pelo FIDA demonstram que o investimento nas mulheres pode produzir melhorias significativas na produtividade e na segurança alimentar. Comunidades inteiras beneficiam social e economicamente quando as mulheres têm acesso a terra, água, educação, formação, serviços financeiros e organizações fortes (FIDA, 2012). Estudos do Banco Mundial sublinharam que, em vários países da África Subsariana, a produção alimentar pode aumentar entre 10 a 20 por cento se as mulheres enfrentarem menos constrangimentos. O empoderamento das mulheres e a igualdade de oportunidades para ambos os sexos são essenciais para reduzir a pobreza, a fome e a desnutrição (Banco Mundial, 2013).

A FAO, (2003a) sublinhou que as organizações não governamentais e o sector privado começaram a dar um contributo significativo na última década. Eles complementaram os esforços dos serviços de extensão agrícola do sector público, fornecendo capacitação, tecnologia melhorada e informação (FAO, 1997a). A prestação de serviços de extensão às mulheres conduzirá positivamente a melhorias para as mulheres rurais e melhorará a produtividade dos serviços agrícolas, bem como a segurança alimentar nacional, através do aumento da produção comercializada.

Além disso, vários doadores internacionais estão a contribuir para ajudar as mulheres agricultoras a ultrapassar os problemas/desafios que as afectam na produção de arroz. Por exemplo, o FIDA trabalha nalgumas das zonas rurais mais pobres do mundo e muitos dos seus programas e projectos apoiados têm um enfoque especial nas mulheres. O objetivo é capacitar economicamente as mulheres, dando-lhes acesso ao capital, aos mercados e a maiores oportunidades de obtenção de rendimentos. O FIDA também procura reforçar os seus papéis de tomada de decisão, ajudando-as a organizarem-se para uma ação colectiva (FIDA, 2009). Além disso, tem vindo a promover o sistema de intensificação do arroz nos seus programas e projectos no Burundi, Madagáscar e Ruanda. O sistema de intensificação do arroz é uma forma de produzir mais com menos, utilizando poucos factores de produção, particularmente menos água, sementes e fertilizantes químicos (Rappocciolo, 2012).

O Banco Mundial e o governo japonês, através da subvenção do Programa de Desenvolvimento dos Direitos Humanos do Japão (PHRD), apoiaram países como a Serra Leoa, a Libéria e a Guiné, o que lhes permitiu aumentar a sua produtividade agrícola e contribuiu para a aceleração da adaptação de tecnologias melhoradas.

Na Gâmbia e no Bangladesh, a Action Aid International tem vindo a trabalhar na questão da alimentação e da fome há mais de 30 anos, abordando as necessidades básicas e os direitos das comunidades locais através do apoio às mulheres agricultoras no acesso aos recursos de produção, incluindo terra, sementes, extensão, irrigação, apoio à comercialização, etc. (Action Aid, 2011).

2.6 Arroz

O arroz é um elemento principal de numerosas culturas e alguns países até reconheceram a cultura do arroz como fator de desenvolvimento da sua civilização. É conservável que quase todas as culturas têm a sua forma individual de colher, processar e até comer arroz e, de facto, todas estas diferentes tradições são parte integrante do património cultural mundial.

2.6.1 Sistema de produção de arroz

O potencial de desenvolvimento do arroz é determinado principalmente pelas condições agro-ecológicas em que o arroz é produzido. O arroz é cultivado numa grande variedade de zonas agro-ecológicas, desde a floresta húmida até ao Sahel. No entanto, existem três ecologias principais de arroz em toda a África Ocidental e Central. Estas são as terras baixas alimentadas pela chuva, as terras altas alimentadas pela chuva e os sistemas irrigados. Estas ecologias podem ser encontradas em todas as zonas agro-ecológicas.

2.6.1.1 Terras altas alimentadas pela chuva

Os sistemas de arroz de terras altas alimentados pela chuva cobrem a maior área (44% da área total cultivada com arroz), principalmente nas zonas costeiras da zona agro-ecológica húmida e sub-húmida (Defoer et al., 2002). A competição das ervas daninhas é o fator de redução de rendimento mais importante (Johnson, 1997), seguido da seca, da explosão, da acidez do solo e da infertilidade geral do solo. Tradicionalmente, os agricultores gerem estas tensões através de longos períodos de pousio. No entanto, o crescimento da população obrigou os agricultores a reduzir os períodos de pousio e a concentrar as suas actividades agrícolas nas partes superiores frágeis das encostas das terras altas. O método de limpeza das terras por corte e queima agravou a pressão das ervas daninhas e também o declínio da fertilidade do solo devido à erosão (Oldeman e Hakkeling, 1990). Os agricultores enfrentam também riscos elevados de fracasso das colheitas e, em geral, níveis de produtividade mais baixos. Nas zonas de montanha, onde o período de crescimento é curto, são necessárias variedades de maturação muito precoce, com tolerância à seca e ao míldio, como a

NERICA. Tradicionalmente, os agricultores utilizam cultivares de arroz de longa duração, o que compromete ainda mais a fragilidade do sistema e limita a intensidade das culturas. Assim, o declínio resultante na produtividade e no rendimento agrava a incidência da pobreza e a degradação ambiental (Cleaver, 1993; Cleaver e Schreiber, 1994).

2.6.1.2 Terras baixas alimentadas pela chuva

Os sistemas de terras baixas alimentados pela chuva (planícies de inundação e fundos de vale) constituem 31% da área de cultivo de arroz na África Ocidental e Central. Os rendimentos do arroz nas terras baixas alimentadas pela chuva são substancialmente mais elevados do que os das terras altas alimentadas pela chuva, mas ainda são baixos, com uma média de 2 t/ha (Defoer et al., 2002). Os rendimentos do arroz nestes sistemas são altamente dependentes do nível de controlo da água. Os sistemas de planície têm um rendimento potencial de 3 t/ha com baixos níveis de factores de produção. A um nível elevado de insumos com um bom controlo da água, o rendimento potencial pode ir até 5 ou 6 t/ha (Defoer et al., 2002). Os factores biofísicos que afectam o rendimento do arroz em sistemas de terras baixas alimentados pela chuva incluem as ervas daninhas, a seca, as inundações, a toxicidade do ferro, o fornecimento de nutrientes ao solo, a explosão, o vírus da mancha amarela do arroz e o mosquito africano da galha do arroz. Os principais constrangimentos socioeconómicos incluem a disponibilidade de recursos, o risco de produção, o conhecimento das melhores práticas de gestão das culturas e problemas de saúde humana.

2.6.1.3 Ecologia de regadio

Apenas 12-14% (0,5 milhões de ha) da área total de arroz na África Ocidental e Central é irrigada (Defoer et al., 2002). Isto inclui áreas substanciais nos Camarões (80%), Níger (55%), Mali (30%) e Burkina Faso (20%). O arroz irrigado nestes países (exceto nos Camarões) encontra-se principalmente na Savana do Sudão e no Sahel, que representam quase 60% da área de arroz irrigado na África Ocidental e Central. Os sistemas de irrigação incluem a irrigação baseada em barragens, o desvio de água dos rios e a irrigação por bombagem a partir de águas superficiais ou poços tubulares (Defoer et al., 2002). Os rendimentos médios dos agricultores no Sahel são de cerca de 4 a 5 t/ha por estação, com rendimentos potenciais que variam de 6 a 11 t/ha por estação. O potencial de rendimento muito elevado encontra-se em zonas mais secas do que noutras, devido à elevada radiação solar e ao baixo stress de doenças. As zonas de cultivo de arroz irrigado estão divididas em três subcategorias com base na temperatura. No entanto, apenas duas se encontram na África Ocidental e Central. Estas são as áreas com temperaturas baixas favoráveis e zonas tropicais irrigadas. O mosquito da galha do arroz africano, o vírus da mancha amarela do arroz e a explosão são as principais pragas encontradas nos ecossistemas de arroz irrigado (Defoer et al., 2002).

2.7 Práticas de produção de arroz

IRRI, (2007) salientou que a prática de produção de arroz difere de país para país, mas as melhores práticas mais comuns efectuadas pelos agricultores para uma produção elevada incluem o seguinte

2.7.1 Preparação do terreno

As mulheres agricultoras preparam a terra para o cultivo utilizando a força humana como principal fonte de trabalho. Estas incluem a preparação da terra (lavoura, nivelamento do solo, construção de diques e drenos). Em muitos países, os animais continuam a ser amplamente utilizados como a principal fonte de força para a preparação da terra. Isto ajudou-os a controlar melhor as ervas daninhas e as pragas de modo a obter uma melhor produção (IRRI, 2007).

2.7.2 Plantar o arroz

Os agricultores selecionam uma variedade de sementes muito boa em função da área de cultivo, do solo, etc. As sementes de alta qualidade são de uma só variedade e têm percentagens elevadas de vigor e germinação. O rendimento de um campo de arroz pode aumentar de 5 a 20% apenas com a utilização de sementes de boa qualidade em vez de sementes de baixa qualidade (IRRI, 2007).

Após a seleção de sementes de alta qualidade, os agricultores plantam as sementes. A técnica de plantação mais adequada (sementeira) depende da localidade, do tipo de solo, do ecossistema da cultura e da disponibilidade de factores de produção e de mão de obra. Os agricultores utilizam a sementeira direta ou a transplantação. As culturas transplantadas podem ser estabelecidas manualmente ou por máquina, mas na maior parte dos países em desenvolvimento utiliza-se a transplantação manual. As culturas de sementeira direta crescem mais rapidamente do que as transplantadas, mas muitas vezes sofrem a concorrência de ervas daninhas. E isso é feito por:

1. Radiodifusão
2. Perfuração
3. Dibbling

A plantação de sementes secas por máquina é raramente praticada na Ásia, mas é frequentemente praticada na Austrália e nos Estados Unidos, através de semeadores que colocam as sementes no solo e depois irrigam o solo.

Em África e na Ásia, os agricultores transplantam as plântulas de arroz para campos encharcados, principalmente para controlar as ervas daninhas. Fazem-no manualmente ou com máquinas. A transplantação manual de plântulas exige uma grande intensidade de mão de obra. Nos países em desenvolvimento, especialmente em África, os agricultores não dispõem de máquinas e utilizam a transplantação manual, normalmente feita ao acaso ou em linhas rectas. Isto obriga as mulheres agricultoras a curvarem-se durante horas para transplantar as plântulas de arroz. Na Ásia, a maior parte das explorações de arroz são transplantadas manualmente, enquanto algumas utilizam transplantadores, ou seja, máquinas fabricadas principalmente na Ásia. (IRRI, 2007).

1.1.3 Controlo da água

A água é uma necessidade na cultura do arroz, pelo que o seu controlo é muito importante. Os agricultores controlam a água de muitas formas, uma vez que esta determina a eficiência de todos os outros factores de produção, tais como pesticidas, nutrientes, máquinas agrícolas, herbicidas, etc., na cultura do arroz. Ou seja, se o agricultor não conseguir controlar a água nas explorações de arroz, todos os outros processos na exploração agrícola tornar-se-ão mais difíceis (IRRI, 2007).

1.1.4 Aplicação de fertilizantes

Os fertilizantes são aplicados ao arroz durante a cultura do arroz. Atualmente, a maioria dos agricultores utiliza estrume e outros materiais orgânicos para aumentar a fertilidade e o teor de matéria orgânica do solo. Além disso, estas substâncias orgânicas disponibilizam micronutrientes e outros factores responsáveis pelo crescimento que não são normalmente fornecidos pelos fertilizantes inorgânicos. A aplicação de materiais orgânicos e de estrume pode também aumentar o crescimento microbiano e a renovação dos nutrientes no solo. Os agricultores aplicam materiais orgânicos ou estrume espalhando-os uniformemente na exploração de arroz durante a preparação da terra e após a monda (IRRI, 2007).

1.1.5 Gestão de pragas

Muitas vezes, os campos de arroz são afectados por pragas, que podem ser doenças das plantas, aves, caracóis, insectos, roedores ou ervas daninhas. Se uma praga ataca os campos de arroz, geralmente leva a uma baixa produção e, consequentemente, a um menor rendimento para o agricultor. Os agricultores utilizam frequentemente pesticidas químicos ou alguns fabricam os seus próprios pesticidas para controlar as pragas. A utilização de pesticidas espalhou-se muito rapidamente, no entanto, garantir a sua eficácia, rentabilidade e utilização correta e segura é motivo de preocupação, uma vez que pode ter um impacto negativo nas explorações de arroz e na saúde humana. No caso das aves, os agricultores costumam espantar as aves para as dissuadir de comerem as sementes. Alguns agricultores aplicam inseticida após a transplantação ou a sementeira (IRRI, 2007).

1.1.6 Gestão de ervas daninhas

As infestantes são plantas que competem com a cultura do arroz pelos recursos. Tradicionalmente, nos sistemas de planície, a maior parte dos agricultores controla as ervas daninhas através da preparação da terra, da monda manual, da gestão das inundações e da água e da transplantação do arroz para o solo encharcado. A prática alternativa mais comum que os agricultores utilizam para além da monda manual é a utilização de herbicidas. Isto deve-se ao aumento do custo da mão de obra para a monda manual. Os agricultores estão conscientes do facto de que o controlo das ervas daninhas é muito importante durante os primeiros 15 a 20 dias após a sementeira ou a transplantação. E quando a exploração é nivelada, ajuda a promover um melhor controlo das ervas daninhas e uma boa gestão da água. Mais especialmente na Ásia, a água é o maior "herbicida" amigo do ambiente (IRRI, 2007).

1.1.7 Controlo de Doenças

Os produtores de arroz tentam controlar uma doença da melhor forma possível, utilizando uma combinação de diferentes elementos. Fazem-no escolhendo variedades resistentes a doenças, equilibrando a nutrição das plantas e uma boa gestão cultural e controlo biológico e químico.

1.1.8 Gestão da pós-produção

Na maioria dos países em desenvolvimento, entre 25 e 50% do valor total do grão de arroz perde-se entre a colheita e o consumo. Este facto deve-se principalmente a métodos de colheita, secagem e armazenamento deficientes que, consequentemente, conduzem a um fraco rendimento na transformação.

Uma boa gestão pós-produção é muito importante na produção de arroz e implica o manuseamento e a transformação adequados do arroz (grão) desde o momento em que é colhido no campo até estar pronto para ser vendido no mercado. Todas as operações no processo de pós-colheita são importantes e essenciais para serem efectuadas com cuidado, a fim de manter a elevada qualidade do grão.

1.1.8.1 Colheita

A colheita é o processo de recolha da colheita de arroz maduro do campo. Começa com o corte da cultura e termina com a limpeza do arroz e a sua disposição para secagem. O objetivo final de uma boa colheita é aumentar o rendimento dos grãos e reduzir as perdas de grãos e a deterioração da qualidade. O agricultor sabe qual é a melhor altura para colher porque é muito importante obter um rendimento elevado de arroz de boa qualidade. A colheita é efectuada com arroz ou com máquinas. A mais comum é feita à mão, utilizando uma foice ou uma faca de mão, que é amplamente utilizada na maioria dos países em desenvolvimento (IRRI, 2007).

1.1.8.2 Debulha

A debulha é geralmente efectuada no campo, perto do campo ou na estrada mais próxima. Os agricultores estão bem conscientes do facto de que a debulha atempada é essencial para evitar perdas, porque qualquer atraso entre o corte e a debulha acaba por conduzir a uma rápida deterioração dos grãos, especialmente durante a secagem no campo ou quando a cultura é empilhada no campo. Com base no nível de produção e nas culturas dos diferentes países, os agricultores utilizam diferentes métodos de debulha, como a debulha a pé ou por pisoteio; a batida contra uma grelha de debulha; a debulhadora a pedal e a debulha mecânica (IRRI, 2007).

1.1.8.3 Limpeza do grão

Limpar o grão significa retirar todas as substâncias exceto o grão. Os agricultores fazem-no para obterem um valor superior ao dos grãos que estão sujos com palha, sementes de ervas daninhas, palhas de lixo, terra e outros materiais que não são grãos. Geralmente é feita manualmente, através da peneiração, e mecanicamente, através de crivagem ou peneiração (IRRI, 2007).

1.1.8.4 Secagem

A secagem é o processo que reduz o teor de humidade do grão para um nível seguro para o armazenamento. Após a colheita do arroz, é muito necessário secá-lo. Uma secagem correta ajuda a manter a qualidade do grão e, consequentemente, a reduzir as perdas. Os agricultores secam o arroz para evitar a infestação de insectos e a deterioração da qualidade do grão e da semente. Fazem-no através da secagem ao sol, que tem diferentes métodos e inclui: secagem no campo; secagem da panícula; secagem em esteiras ou lonas; e secagem no pavimento. Este método é praticado principalmente em países em desenvolvimento com baixa produção. Outro método de secagem é a forma mecânica de remover a água dos grãos húmidos, soprando ar (aquecido) através dos grãos. Este método é frequentemente praticado por grandes empresas agrícolas cuja capacidade de produção é muito elevada e que dispõem de recursos adequados para manter as máquinas (IRRI, 2007).

1.1.8.5 Armazenamento

As instalações de armazenamento de arroz podem ser de vários tipos, consoante a quantidade de grãos a armazenar, o motivo do armazenamento e o local do armazém. O armazenamento adequado é muito essencial para manter a qualidade do arroz e evitar os insectos. Nos países em desenvolvimento, os agricultores utilizam diferentes tipos de sistemas de armazenamento que incluem sacos, ganchos, cestos e armazenamento hermético selado (IRRI, 2007).

2.8 Produção de arroz

Quase 2,5 mil milhões de pessoas dependem inteiramente do arroz como principal alimento de base, o que o torna uma das principais culturas de base do mundo. Milhões de pessoas entre a população mundial utilizam normalmente mais de metade dos seus rendimentos totais no arroz, principalmente para alimentar as suas famílias. Além disso, a cultura do arroz é uma das principais fontes de emprego, sobretudo para os pobres, e cerca de quatro quintos da produção total de arroz a nível mundial são cultivados principalmente por agricultores em grande escala com rendimentos muito baixos nos países em desenvolvimento. Em todo o mundo, as mulheres das zonas rurais têm desempenhado, e continuam a desempenhar, papéis muito importantes tanto na produção como nas actividades pós-colheita do arroz. Em várias zonas, os trabalhos associados à plantação, monda, colheita e transformação do arroz são efectuados principalmente por mulheres. As mulheres e os seus homólogos homens agricultores têm tarefas diferentes a desempenhar nos sistemas de produção agrícola, incluindo a cultura do arroz. Estas disparidades nos papéis dos géneros nem sempre são claras, mas devem ser reconhecidas se se quiser que a produção de arroz seja maior do que antes, particularmente entre os pequenos agricultores. Uma produção de arroz eficaz e sustentável fornecerá alimentos a todos os indivíduos, se os papéis dos géneros forem plenamente compreendidos e claramente estipulados na política, no planeamento, na investigação e na extensão. Por conseguinte, a análise de género é um instrumento importante para o desenvolvimento da cultura do arroz. Ajuda a identificar os papéis e responsabilidades dos géneros, indica quanto tempo os diferentes membros do agregado familiar dedicam a diferentes tarefas (e porquê) e mostra como estas tarefas mudam de acordo com a estação do ano e a hora do dia (FAO, 2004).

O arroz é uma das três culturas mais cultivadas no mundo. Em 2013, foram colhidos 165 milhões de hectares de arroz, 218 milhões de hectares de trigo e 184 milhões de hectares de milho. No que respeita à produção de cereais, foram produzidas 746 milhões de toneladas de arroz, 713 milhões de toneladas de trigo e 1016 milhões de toneladas de milho. O arroz é cultivado principalmente em climas quentes e húmidos ou durante as estações das chuvas. O arroz é cultivado em todo o mundo, mas a maior parte é cultivada na Ásia. A China e a Índia cultivam muito mais hectares de arroz do que qualquer outro país. No Sudeste Asiático, os hectares de terra cultivados com arroz têm vindo a aumentar enormemente.

Os dados apresentados no quadro 1 indicam as colheitas dos países que são os principais produtores de arroz em 2013. Os hectares de terra de arroz colhidos no mundo nos últimos dez anos aumentaram 11%. No entanto, a produção global em 2013 foi 27% superior à de 1999, uma vez que o rendimento médio do arroz no mundo aumentou 29%. (FAO, 2013). Este facto indica claramente a importância da produção de arroz para garantir a segurança alimentar nos agregados familiares e a nível nacional e internacional.

Quadro 2: Produção total de arroz nos principais países em 2013

	Países	Área colhida (milhões de ha)	Países	Produção anual (milhões de toneladas)	Países	Rendimento médio (t/ha)
1	Índia	43.5	China	205.0	EUA	8.6
2	China	30.2	Índia	159.2	S. Coreia do Sul	6.8

3	Indonésia	13.8	Indonésia	71.3	China	6.7

Quadro 3: Produção total de arroz nos principais países em 2013 (Cont.)

	Países	Área colhida (milhões de ha)	Países	Produção anual (milhões de toneladas)	Países	Rendimento médio (t/ha)
4	Tailândia	12.4	Bangladesh	51.5	Japão	6.7
5	Bangladesh	11 8	Vietname	44.0	Vietname	5.6
6	Vietname	7.9	Tailândia	38.8	Indonésia	5.2
7	Myanmar	7.5	Myanmar	28.0	Bangladesh	4.4
8	Filipinas	4.7	Filipinas	18.4	Filipinas	3.9
9	Paquistão	2.8	Brasil	11.8	Sri Lanka	3.9
10	Brasil	2.3	Japão	10.8	Myanmar	3.7

Fonte: FAO

Reconhece-se que quase milhares de milhões de pessoas trabalham em sistemas de produção baseados no arroz e nas operações pós-colheita que lhes estão associadas nas zonas rurais da maioria dos países em desenvolvimento. Cerca de 80% da produção mundial de arroz é cultivada por pequenos agricultores em países de baixo rendimento e em desenvolvimento. Para alcançar o desenvolvimento económico essencial e uma melhor qualidade de vida para a maior parte da população mundial, são necessários sistemas de produção competentes e produtivos à base de arroz. O cultivo do arroz é a principal atividade e fonte de rendimento de milhões de famílias em todo o mundo, e numerosos países em África e na Ásia são altamente dependentes do arroz como fonte de divisas e de receitas públicas. .(FAO, IYR, 2004).

A melhoria da produtividade dos sistemas de produção de arroz contribuiria não só para a erradicação da fome, mas também para reduzir a pobreza, garantir a segurança alimentar e o desenvolvimento económico. De acordo com a FAO (2004), existem cerca de 840 milhões de pessoas subnutridas nos países em desenvolvimento. Deste número, mais de 200 milhões são crianças, o que limita o desenvolvimento tanto das crianças como dos países afectados. No entanto, a produção de arroz enfrenta sérias limitações que incluem o declínio da taxa de crescimento das colheitas, o esgotamento dos recursos naturais, a poluição do ambiente, os conflitos relacionados com o género, a escassez de mão de obra e as limitações institucionais. Para superar a fome, a pobreza e outras doenças a ela associadas, como a subnutrição, protegendo ao mesmo tempo o ambiente, é necessário que todas as partes interessadas se unam e desenvolvam uma ação colectiva. A multiplicidade das regiões, dos povos e dos recursos que estão ligados aos sistemas baseados no arroz no mundo, necessita de diferentes formas de abordagem para o desenvolvimento global baseado no arroz, que tenham em conta o envolvimento das principais partes interessadas, tanto a nível local como internacional (FAO, 2004).

2.8.1 Produção mundial de arroz

O arroz é o principal alimento para 62,8% da população mundial e fornece 20% das calorias à maioria da população mundial (Timmer, 2010). Esta é uma manifestação clara de que o arroz é fundamental para a sobrevivência da maioria da população mundial e que, se a sua capacidade de produção for melhorada, a fome, a pobreza e a subnutrição deixarão de ser problemas importantes no mundo (FAO, 2014).

A produção e comercialização de arroz são efectuadas na maioria dos países do mundo. Em 2012, a produção mundial de arroz aumentou 4%, passando de 706,3 milhões de toneladas em 2009/2011 para 736,9 milhões de toneladas. Em 2013, a produção de arroz aumentou 1%, passando de 737,9 milhões de toneladas em 2012 para 744,9 milhões de toneladas. A FAO prevê um aumento da produção em 2014 para 751,0 milhões de toneladas de arroz, o que representa 0,8% da produção total de arroz de 2013, o que sugere uma continuação da tendência de crescimento, embora a um ritmo lento (FAO, 2014).

No que diz respeito à comercialização mundial de arroz branqueado, registou-se um aumento de 19%, passando de 32,4 milhões de toneladas em 2009/2011 para 38,4 milhões de toneladas em 2012. No entanto, passou de 38,4 milhões de toneladas em 2012 para 37,3 milhões de toneladas, o que representa uma quebra de 3%. A FAO antecipou um aumento de 2%, ou seja, 39,3 milhões de toneladas para o comércio de arroz branqueado em 2014, prevendo uma tendência crescente na comercialização de arroz branqueado no mundo (FAO, 2014).

Estas análises reconheceram uma tendência crescente na produção de arroz, apesar do facto de ser lentamente coordenada por uma tendência crescente no mercado internacional de arroz. A consequência disto para a Gâmbia é um aumento do preço de exportação/importação a nível internacional, o que tem um resultado desfavorável no aumento do nível de pobreza nestes países (FAO, 2014).

2.8.2 Produção de arroz em África

O arroz está também a tornar-se progressivamente conhecido em África, consumindo quase 16 milhões de toneladas métricas e produzindo 14 milhões de toneladas, causando um défice de 2 milhões de toneladas métricas, que é obtido principalmente através da importação. Dizia-se que os países da África Ocidental gastavam cerca de 1,4 mil milhões de dólares americanos por ano para importar arroz a fim de colmatar o défice (Somado et al., 2008).

Os países africanos são bem abençoados com todas as ecologias adequadas para a produção de arroz e estima-se que uma elevada proporção de países africanos, com um total de 800 milhões de pessoas, cultiva arroz. África contribui para a produção mundial de arroz, tendo produzido cerca de 25,3 milhões de toneladas de arroz em 2009/2011, o que aumentou cerca de 6% em 2012. Estima-se que a produção de arroz aumente de 23,3 milhões de toneladas em 2012 para 27,0 milhões de toneladas, o que representa um aumento de 0,4%. A FAO prevê que a produção total de arroz para 2014 seja de 27,7 milhões de toneladas de arroz, o que significa um aumento de 3% em relação à colheita de 2012, indicando um padrão de expansão (FAO, 2014).

Em África, vários países produzem arroz, mas não conseguem satisfazer as necessidades totais da população. O quadro abaixo explica o nível de produção, a quantidade de arroz importado e a taxa de consumo de cada um dos 21 países membros da Coligação para o Desenvolvimento do Arroz em África (CARD, 2014).

Tabela 2: Produção de arroz, quantidade de arroz importado e consumo dos países membros da CARD em 2013/2014

Não.	**Países**	**Produção 2013/14**	**Importação**	**2013/14 Consumo**
		(1.000 MT, Paddy)		
1	Camarões	170	833	1,003
2	Gana	442	640	1,138
3	Guiné	2,045	515	2,432
4	Quénia	115	621	720
5	Madagáscar	3,611	781	4,392

6	Mali	1,985	231	2,246
7	Moçambique	351	769	1,120
8	Nigéria	4,265	4,615	9,231
9	Senegal	426	1,618	2,059
10	Serra Leoa	1,256	317	1,573
11	Tanzânia	1,850	303	2,108
12	Uganda	226	185	349
13	Benim	198	547	745
14	Burquina Faso	308	43	73
15	Costa do Marfim	752	1,568	2,277
16	República Democrática do Congo	377	255	632
17	Libéria	238	476	730
18	Ruanda	89	62	151
19	Gâmbia	54	192	254
20	Togo	154	154	308
21	Zâmbia	45	15	61

Fonte: Coligação para o Desenvolvimento do Arroz em África (CARD 2014)

A parte de África nas importações internacionais de arroz grosso foi, em média, de cerca de 10,4 milhões de toneladas durante o período 2009/2011 e aumentou significativamente em cerca de 31% em 2012. A avaliação da parte de África nas importações globais de arroz grosso para 2013 é de 27,0 milhões de toneladas, demonstrando um declínio sem importância de cerca de 1% mais do que em 2012. A estimativa da FAO para 2014 da troca de arroz branqueado de África é de 13,8 milhões de toneladas, demonstrando um aumento de cerca de 1% na quota de importação de 2012, antecipando um padrão de expansão, embora lentamente. A quota de África no comércio mundial de exportação atingiu um ponto médio de cerca de 0,5 milhões de toneladas no período 2009/2011, que estagnou em 2012. Prevê-se que a quota de 2013 se mantenha nos 0,5 milhões de toneladas de 2012. Apesar do facto de a previsão da FAO para 2014 prever um aumento de 20% na quota de 2012 para cerca de 0,6 milhões de toneladas em 2014, o padrão da quota de África na exportação global de arroz grosso pode ser adequadamente descrito como estagnado (FAO, 2014).

Desta forma, as análises acima mencionadas reconheceram um padrão crescente na participação de África nas importações mundiais de arroz em grão. Este padrão crescente na participação das importações do continente é harmonizado por uma tendência bastante crescente na sua quota de produção global de arroz, mas um padrão estagnado na sua quota de exportação global de arroz grosso. A sugestão desta conclusão para os produtores e consumidores africanos de arroz, como a Gâmbia, é a necessidade crítica de apressar a utilização indevida das capacidades de produção de arroz do país para fazer face ao declínio da insegurança alimentar no país.

2.9 Produção de arroz na Gâmbia

2.9.1 Produção de arroz da Gâmbia

O arroz, que é o principal alimento de base na Gâmbia, é amplamente cultivado em todo o país. O país produziu apenas 17% das necessidades anuais, que são quase 199 000 toneladas métricas, e as carências são satisfeitas através da importação de arroz da Tailândia e de outros países asiáticos. O país tem uma longa história de importação de arroz para a Gâmbia (DMCI, 2014). A

Gâmbia é vulnerável à instabilidade do mercado mundial, pelo que está fortemente dependente da importação para satisfazer as necessidades de segurança alimentar. A Gâmbia utilizou quase 50 milhões de dólares em 2011 para a importação de arroz. Os preços do arroz no mercado mundial são de 300 dólares por tonelada, o que é elevado e prevê-se que assim se mantenha devido ao aumento da sua procura no mercado mundial. A população rural está muito dependente do arroz importado, principalmente devido à queda da produção nacional de arroz, o que minimiza os seus rendimentos e poupanças. As receitas geradas a partir de outras actividades agrícolas e não agrícolas são inevitavelmente utilizadas para comprar arroz importado ou, por vezes, para receber apoio de amigos e familiares sob a forma de remessas (CARD, 2014).

Os esforços revitalizados para salvar a produção de arroz incluem o recém-terminado Projeto de Expansão do Arroz de Terras Altas, com a duração de quatro anos, da Missão de Taiwan e a introdução de variedades de arroz adequadas pelo Instituto Nacional de Investigação Agrícola (NARI) no âmbito do seu Projeto NERICA, apoiado pela Iniciativa Africana do Arroz (ARI) do Centro Africano do Arroz. As perspectivas de expansão da produção de arroz para fazer um progresso visível em direção à "Visão Executiva" de autossuficiência de arroz até ao ano 2016 são muitas (DMCI, 2014).

A melhoria da produção de arroz, bem como da produtividade, terá certamente um bom efeito sobre o rendimento da população rural e, mais ainda, incentivará as divisas estrangeiras. O acima mencionado terá grande influência no desenvolvimento socioeconómico do país. O principal objetivo do governo é utilizar da melhor forma possível os métodos modernos para passar da produção de arroz de subsistência para a produção de arroz comercial, juntamente com uma maior adição de valor, o que poderá não ser fácil de alcançar sem a implementação de uma política nacional de arroz e de uma estratégia de desenvolvimento do arroz (DMCI, 2014).

2.9.2 Análise do sector do arroz da Gâmbia

Na Gâmbia, à semelhança de outros países africanos, os programas de ajustamento estrutural e de recuperação económica de meados da década de 1980, que apresentavam a liberalização do comércio e a eliminação dos subsídios aos factores de produção agrícola e asseguravam os custos, tornaram a produção agrícola local extremamente dispendiosa tanto para os agricultores como para os consumidores, mesmo antes da aplicação dos tratados da OMC sobre a agricultura.

Os esforços metódicos para desenvolver as capacidades de produção de arroz do país começam com o lamentável Colonial Development Corporation's Rice Farm Scheme de 1951. Antes do final da década seguinte, o governo reconheceu e seguiu uma política de autossuficiência em arroz através da implementação de dois projectos. Em 1966, um acordo de assistência técnica entre Taiwan e a Gâmbia introduziu o desenvolvimento sistemático do arroz irrigado por pequenas bombas em duas divisões do país: . Em 1973, um projeto apoiado pelo Banco Internacional para a Reconstrução e o Desenvolvimento - Agência Internacional de Desenvolvimento (BIRD IDA) - foi especialmente concebido para aumentar a experiência do projeto anterior nas mesmas divisões. O Acordo de Assistência Técnica terminou em 1974 e, posteriormente, seguiu-se o encerramento do projeto BIRD-IDA em 1976, data em que os dois projectos desenvolveram um total de 1607 ha de produção de arroz irrigado com pequenas bombas (CARD, 2014).

O resultado crescente da deterioração das condições comerciais e da sobreexpansão dos orçamentos públicos de desenvolvimento e recorrentes para aumentar o crescimento durante a década de 1975/85 conduziu a uma rápida redução das reservas de divisas e a tensões orçamentais e da balança de pagamentos progressivamente graves. Subsequentemente, não obstante a diversidade de medidas de investimento público, particularmente no desenvolvimento do arroz irrigado, tomadas para melhorar a produção, estas séries precursoras de perturbações monetárias não só enfraqueceram o esforço do país para um plano irracional de autossuficiência na produção de arroz, como também desencadearam uma taxa invulgar de importação de arroz para o país. Isto ocasionou um padrão comum na substituição do arroz e, em menor grau, do trigo, no lugar das culturas alimentares habituais de milho painço e sorgo e começou a assumir um papel vital como a dieta básica mais favorita (CARD, 2014).

O Programa de Recuperação Económica (PRE) alcançou uma estabilidade considerável da economia em 1990. Durante o período entre 1985 e 2005, o governo encomendou cinco projectos significativos de desenvolvimento do arroz como parte do seu ERP, com vista a estabilizar as suas actividades e a consolidar os seus ganhos. Estes projectos totalizaram um montante de 44,369 milhões de dólares, sem contar com as actividades de desenvolvimento do arroz anteriormente em curso ao abrigo do Acordo de Assistência Técnica Taiwanês-Gâmbia de 1996, que foi rescindido. Durante o período 1980/2005, o interesse anterior no investimento na produção de arroz, mais especificamente, a produção nacional de arroz branqueado diminuiu de 26 474 toneladas em 1980/81 para 13 082 toneladas em 2004/05. Da mesma forma, a importação de arroz para o país aumentou de 33.680 toneladas em 1980/81 para 73.825 toneladas em 2004/05. Consequentemente, o país é extremamente carente de satisfazer a sua procura de consumo de arroz (CARD, 2014).

2.9.3 Dimensões de género na cadeia de valor do arroz

Na Gâmbia, as mulheres são as principais responsáveis pela produção de arroz de sequeiro e de arroz de maré. Além disso, ajudam os homens nos seus campos de arroz irrigado (no entanto, elas também têm os seus próprios campos de arroz irrigado). Os homens cultivam culturas de terras altas (milho, amendoim, sorgo, algodão, painço e arroz irrigado). A moagem tradicional do arroz nas explorações agrícolas é efectuada principalmente pelas mulheres. Tanto os homens como as mulheres dedicam-se à moagem do arroz, quer individualmente quer em grupo. Para além disso, ambos os homens estão envolvidos no comércio de arroz, na sua maioria de forma independente. As responsabilidades acima mencionadas significam que existem diferenças óbvias na gestão ao nível da produção nos campos de arroz (CARD, 2014).

As mulheres representam mais de 45% de toda a força de trabalho agrícola e 95% da força de trabalho na produção de arroz. Reconhecendo o papel fundamental das mulheres no processo de desenvolvimento socioeconómico, o governo tomou algumas medidas para alterar a situação de desvantagem das mulheres, nomeadamente no acesso às terras agrícolas (CARD, 2014).

2.9.4 A Visão e o Âmbito da Estratégia Nacional de Desenvolvimento do Arroz

O governo da Gâmbia desenvolveu uma Estratégia Nacional de Desenvolvimento do Arroz (NRDS) em 2014. A Gâmbia tem 216.121 ha de ecologias de planície que são definitivamente apropriadas para a produção de arroz. Por conseguinte, a ENDA baseia-se numa visão de "*autossuficiência na produção de arroz"* até ao ano 2024 (CARD, 2014).

O objetivo geral da ENDA é "melhorar o ambiente propício para a exploração sistemática do vasto potencial de recursos naturais, mitigar os constrangimentos prioritários na base de recursos, fornecer tecnologias orientadas para a produção adequadas para uma ampla participação e adoção pela maioria dos produtores de arroz para uma produção eficiente de arroz" (CARD, 2014).

O objetivo geral da ENDA (2015-2024) "é a criação de uma indústria de arroz orientada para o mercado, comercializada, eficiente, competitiva e dinâmica, que maximize o reforço da segurança alimentar e a redução da pobreza" (CARD, 2014).

Por conseguinte, à luz da igual ênfase no aumento dos sistemas de produção de terras altas e baixas e na extensão dos sistemas de produção de terras baixas, prevê-se que a ENDS "atinja um âmbito e objetivo de produção de 322 600 toneladas de arroz branqueado em 2024 com o empenho sustentado do pessoal científico e técnico e a disponibilização de recursos financeiros e humanos pelo governo" (CARD, 2014).

2.9.5 Abordagens e áreas prioritárias

Ciente do padrão de distribuição natural, histórico e regional dos recursos da produção de arroz e também dos aspectos de género face à necessidade de uma indústria de arroz orientada para o mercado, comercializada, eficiente, competitiva e dinâmica, a ENDA "adoptará uma abordagem multifacetada. Isto incluiria: promoção baseada na agro-ecologia; promoção da produção em pequena e grande escala; consideração do género; abordagem da cadeia de valor; e sustentabilidade ambiental" (CARD, 2014).

O grau de expansão da produção de arroz de terras altas no imediato é insignificante, mas a margem de crescimento da produção de arroz de terras baixas é enorme. Deste modo, a ENDA colocará a tónica na melhoria dos sistemas de produção das terras altas e das terras baixas e na extensão dos sistemas de produção das terras baixas. As áreas primordiais a este respeito serão o desenvolvimento de mercados de insumos, práticas agronómicas, participação comunitária, reabilitação de sistemas de infra-estruturas de irrigação e manuseamento pós-colheita (CARD, 2014).

2.9.6 Disposições institucionais e de execução

A ENDA será actualizada pelo Ministério da Agricultura (MOA), assistido por um Comité Diretivo Nacional para o Desenvolvimento do Arroz (NRDSC), através dos esforços concertados do Instituto Nacional de Investigação Agrícola (NARI), do Departamento de Agricultura (DOA) e da Unidade Central de Coordenação de Projectos (CPCU) a nível nacional. A nível regional, a Estratégia será actualizada pela Direção Regional de Agricultura (DRA), assistida pelo Comité Regional de Orientação para o Desenvolvimento do Arroz (CRDR) em cada região (CARD, 2014).

2.10 QUADRO CONCEPTUAL

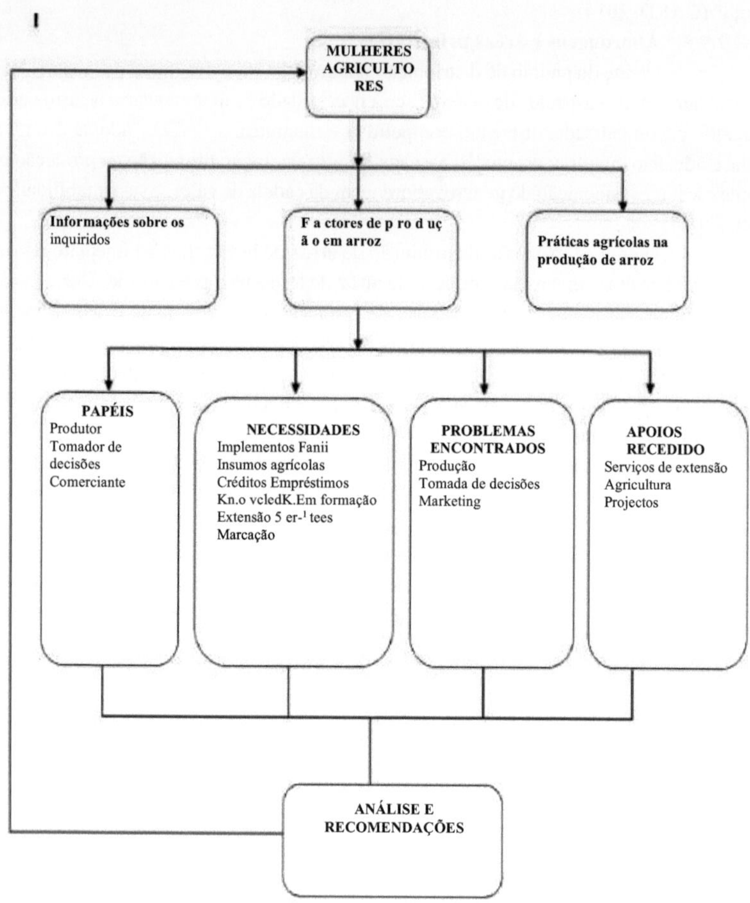

Capítulo 3
METODOLOGIA DE INVESTIGAÇÃO

3.1 Conceção da investigação

Esta investigação utilizou uma metodologia de investigação mista para compreender em profundidade o papel das mulheres na produção de arroz na Gâmbia.

3.2 Descrição da área de estudo

O estudo foi realizado em três aldeias da Região do Rio Central, no sul da Gâmbia. A região é uma das seis regiões administrativas do país e tem uma população total de 126.910 habitantes, de acordo com a população de 2013. A região é altamente reconhecida pelas suas terras de criação de gado e de arroz e cobre uma massa de terra de 1.428 km2. A região está situada entre a latitude 13°34N e a longitude 14°47W, e faz fronteira com a região fluvial inferior e superior do país. De acordo com o GBoS (2010), 73,2% da população da região vive abaixo do limiar de pobreza de 1,25 dólares. A agricultura é a principal ocupação e constitui o principal meio de subsistência da maioria da população. A área é abençoada com um solo fértil e é considerada como o cabaz alimentar do país devido à fertilidade do solo. Esta zona é o principal cabaz alimentar do país simplesmente devido ao elevado cultivo de arroz na região, o que a qualifica para ser a principal esperança de alcançar a autossuficiência alimentar. Mais importante ainda, a maioria das mulheres produtoras de arroz são desta região, justificando assim a necessidade de realizar investigação na área.

As três aldeias onde o estudo foi realizado foram Fulabantang, Pacharr e Sare Balla e foram selecionadas propositadamente. A escolha destas aldeias baseou-se no facto de as mulheres desta zona estarem ativamente envolvidas na produção de arroz. Relativamente à população das três aldeias, Fulabantang tem uma população total de 809 (415 mulheres e 387 homens), Pacharr tem 1329 (699 mulheres e 603 homens) e Sare Balla tem 166 (88 mulheres e 78 homens).

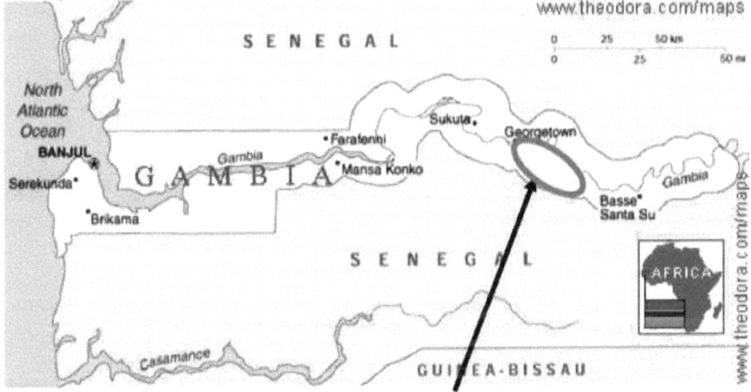

Figura 1: ***Mapa da área de estudo (Região Hidrográfica do Centro-Sul)***

3.3 População e amostras

A população total de mulheres agricultoras que se dedicam à produção de arroz na zona de estudo está estimada em 100. Utilizou-se a amostragem selectiva para escolher as três aldeias, das quais foram selecionados 60 inquiridos através da técnica de amostragem estratificada. Os critérios de seleção dos inquiridos basearam-se na sua idade, nível de educação, área cultivada e nível de produção. A dimensão da amostra foi determinada utilizando as fórmulas de Taro Yamane (1967). Foram acrescentados dez inquiridos aos 50 inquiridos, a fim de aumentar o nível de confiança.

$$n = \frac{N}{1+Ne^2}$$

Onde: N é a população-alvo (100) N é a dimensão da amostra
E é o erro padrão, que 10%

$$n = \frac{100}{1+100(.10\,x\,.10)} \qquad n = \frac{100}{2} \qquad n = 50 + 10 = 60$$

Para selecionar a proporção de mulheres produtoras de arroz de cada uma das três aldeias, foi utilizada a seguinte equação;
Tamanho da amostra para cada aldeia = tamanho total da amostra / população total de mulheres * Número de mulheres nessa aldeia específica.
O quadro seguinte mostra a seleção da amostra das três aldeias, nomeadamente Fula Bantang, Pacharr e Sare Balla.

Quadro 3: Dimensão da amostra

Aldeias	**Número de mulheres na aldeia**	**Amostra**
Fula Bantang	30	21
Pacharr	55	33
Sare Balla	15	6
Número total de inquiridos	**100**	**60**

3.4 Ferramenta de investigação

A investigação utilizou tanto a orientação por questionário como a discussão em grupo para recolher dados dos principais inquiridos. O questionário foi utilizado para recolher dados de 60 inquiridos-chave sobre as caraterísticas socioeconómicas e socio-demográficas dos inquiridos, os factores de produção na cultura do arroz, as práticas de produção na cultura do arroz, a comercialização do arroz e os papéis, necessidades e problemas das mulheres na produção de arroz, enquanto a discussão em grupo foi conduzida com três grupos compostos por 7 membros para identificar e classificar as necessidades e os problemas das mulheres na produção de arroz e os apoios recebidos das organizações relacionadas pelas mulheres produtoras de arroz.

3.5 Recolha de dados

O estudo utilizou fontes de dados primárias e secundárias, que consistirão no seguinte, a fim de cumprir os objectivos declarados do estudo.

3.5.1 Recolha de dados secundários

Foram recolhidos dados secundários, tais como documentos e relatórios, do Gabinete da Direção Regional de Agricultura do Ministério da Agricultura e da Associação Nacional de Mulheres Agricultoras. Além disso, foi efectuada uma análise documental da literatura e da documentação disponíveis sobre questões relacionadas com o papel e a importância das mulheres na agricultura e na produção de arroz, práticas de produção no cultivo de arroz, produção global de arroz e visão geral do sector do arroz da Gâmbia. Forneceu algumas informações relativas ao estudo, que foram úteis para fazer inferências aos resultados.

3.5.2 Recolha de dados primários

Os dados primários foram recolhidos com a ajuda de 4 numeradores que passaram por uma formação de três dias sobre a recolha de dados, a forma de administrar os questionários individuais e de conduzir discussões em grupos de discussão (FGD). A entrevista foi realizada com 60 inquiridos-chave, enquanto a discussão em grupo foi realizada com três grupos compostos por 7 membros cada, que incluem apenas mulheres produtoras de arroz e foram selecionadas com base na sua idade, nível de educação, área cultivada e nível de produção. Foi utilizado um total de sete dias no processo de recolha de dados no terreno.

3.6 Unidade de análise

A investigação centrou-se em 60 mulheres agricultoras que se dedicam à produção de arroz e foram utilizadas como inquiridas-chave ao nível do agregado familiar.

3.7 Codificação, entrada, processamento e análise de dados

Os dados recolhidos foram compilados, codificados e introduzidos num pacote estatístico SPSS. O processamento e a análise dos dados seguiram-se à introdução dos dados. Foram utilizadas ferramentas estatísticas descritivas, como a frequência, a percentagem e a média, para analisar os dados do estudo. Os resultados do processamento e da análise dos dados forneceram as informações para a apresentação das conclusões, sobre as quais foram efectuadas as análises e interpretações, como se mostra no capítulo seguinte.

Capítulo 4

RESULTADOS DA INVESTIGAÇÃO

Este capítulo descreve as principais conclusões da investigação e está dividido em seis secções principais, incluindo 1) caraterísticas socioeconómicas dos inquiridos, 2) caraterísticas sociodemográficas dos inquiridos, 3) produção de arroz dos inquiridos 4) factores de produção no cultivo de arroz, 3) práticas agrícolas no cultivo de arroz, 4) papéis das mulheres na produção de arroz, 5) problemas e necessidades das mulheres produtoras de arroz mulheres no cultivo de arroz e 6) apoios recebidos pelas mulheres agricultoras de organizações-chave.

4.1 Caraterísticas sócio-demográficas

Esta secção apresenta os dados demográficos dos inquiridos, que incluem a idade, o estado civil, a dimensão da família e o nível de escolaridade, e foram apresentados no quadro 4. As informações relativas a estas caraterísticas são apresentadas a seguir;

4.1.1 Distribuição etária

A distribuição etária dos inquiridos pode ser classificada em três categorias principais. Os que têm menos de 30 anos são adolescentes, os que têm entre 31 e 40 anos são jovens, os que têm entre 41 e 50 anos são de meia-idade e os que têm entre 51 e 60 anos são idosos. Os resultados revelaram que 46,7% dos inquiridos pertencem ao grupo dos jovens, 35% são de meia-idade, 10% são idosos e apenas 8,3% são adolescentes.

4.1.2 Estado civil

Os dados sobre o estado civil dos inquiridos mostram que 53 inquiridos, o que representa 88,3%, eram casados, 1,7% eram divorciados e apenas 10% eram viúvos.

4.1.3 Tamanho da família

Os resultados revelaram que 46,7% dos inquiridos têm uma dimensão familiar de 6 a 10 pessoas, 33,3% têm uma dimensão familiar inferior a 5 pessoas e 20% têm uma dimensão familiar de 11 a 15 pessoas.

4.1.4 Nível de escolaridade

Os resultados sobre o nível de educação revelaram que 68,3% dos inquiridos não adquiriram educação formal, 6,7% tinham educação primária, 5% tinham educação secundária, 3,3% tinham educação de adultos, 13,3% tinham educação corânica, enquanto 3,3% tinham educação profissional.

Quadro 4: Caraterísticas sócio-demográficas dos inquiridos

Artigos	Número (n=50)	%
1) Distribuição etária (anos)		
< 30	5	8.3
31 - 40	28	46.7
41 - 50	21	35.0
51 - 60	6	10.0
(Mínimo = 24; Máximo = 57; Média = 39,3)		
2) Estado civil		
Casado	53	88.3
Divorciado	1	1.7
Viúva	6	10.0
3) Tamanho da família		
< 5	20	33.3
6 - 10	28	46.7
11 - 15	12	20.0

(Mínimo = 1; Máximo = 11; Média = 6,3)		
4) Nível de educação	4	6.7
Ensino primário		
Ensino secundário	3	5.0
Educação de adultos	2	3.3
Ensino corânico	8	13.3
Ensino profissional	2	3.3
Sem educação formal	41	68.3

4.2 Caraterísticas socioeconómicas

As caraterísticas socioeconómicas, tais como o rendimento mensal do agregado familiar, a principal fonte de rendimento familiar, o rendimento da venda de arroz, as variedades de arroz cultivadas, o sistema de cultivo de arroz, a área total de arroz cultivada, o rendimento total de arroz, o arroz para consumo familiar, o arroz para venda, o arroz para sementes, o objetivo do cultivo de arroz e as alternativas ao cultivo de arroz foram apresentadas no quadro 5. D representa a moeda da Gâmbia (Dalasi) e mil dalasi equivalem a 20,8 dólares.

4.2.1 Principal fonte de rendimento familiar

Os resultados mostram que 91,7% dos inquiridos obtêm os seus rendimentos da agricultura, enquanto apenas 8,3% obtêm rendimentos do trabalho contratado. Isto não é surpreendente porque o sector agrícola na Gâmbia oferece emprego a quase 75% da força de trabalho e cerca de dois terços do rendimento total do agregado familiar, Fatajo (2010).

4.2.2 Rendimento mensal do agregado familiar

Os resultados mostram que 29 inquiridos, que representavam 48,3%, ganhavam rendimentos mensais de D1001 a D2000, 30% ganhavam menos de D1000 por mês, 18,3% ganhavam D2001 a D3000 por mês e apenas 3,3% ganhavam D3001 a D4000. Isto mostra claramente que a maioria dos inquiridos aufere um rendimento muito baixo, o que os impede de investir em alfaias e insumos agrícolas, o que envolve enormes implicações financeiras, afectando assim o seu nível de produção.

4.2.3 Receitas da venda de arroz

Os resultados mostram que 61,7% dos inquiridos não venderam o seu arroz no ano passado e apenas 23 inquiridos venderam o seu arroz para satisfazer outras provisões do agregado familiar, 20% ganharam entre D2001 e D4000, 6,7% ganharam entre D4001 e D6000, 8,3% ganharam menos de D2000 e apenas 3,3% ganharam entre D6001 e D8000 com a venda de arroz no ano passado. Isto mostra que a maioria dos inquiridos não se dedica à agricultura comercial, mas sim à agricultura de subsistência, utilizada principalmente para consumo familiar, e a maioria deles considera o rendimento como secundário.

Quadro 5: Caraterísticas socioeconómicas dos inquiridos

Artigos	Número (n=60)	%
1). Fontes de rendimento do agregado familiar		
Agricultura	55	91.7
Mão de obra contratada	5	8.3
2). Rendimento mensal dos inquiridos (D)		
< 1000	18	30.0
1001 - 2000	29	48.3
2001 - 3000	11	18.3

3001 - 4000	2	3.3
(Mínimo = 600; Máximo = 3200; Média = 1724)		
3). Receitas da venda de arroz (D)		
0 - 2000	5	8.3
2001 - 4000	12	20.0
4001 - 6000	4	6.7
6001 - 8000	2	3.3
Não vender (Mínimo 1400,00; Máximo 6200,00; Média 2940,91)	37	61.7

D representa a moeda da Gâmbia (Dalasi) e mil dalasi equivalem a 20,8 dólares.

4.3 Produção de arroz dos inquiridos

As conclusões sobre a produção de arroz dos inquiridos explicam as variedades de arroz, o sistema de cultivo do arroz, o total de arroz cultivado e o rendimento total de arroz durante o ano passado pelas mulheres produtoras de arroz. Além disso, explicam o principal objetivo do cultivo do arroz e a cultura alternativa ao cultivo do arroz. Estes são apresentados no quadro 6.

4.3.1 Variedades de arroz cultivadas no ano passado

Os inquiridos cultivaram diferentes variedades de arroz durante a última época agrícola. Os resultados revelaram que 32 inquiridos, o que representa 53,3%, cultivaram DR4, 51,7% cultivaram Sizadane, 41,7% cultivaram Nerica e apenas 5% cultivaram Pequim.

4.3.2 Sistema de cultivo de arroz.

Os inquiridos praticavam o cultivo de arroz em terras baixas e em terras altas alimentadas pela chuva. Por conseguinte, os resultados revelaram que 60% dos inquiridos praticavam o sistema de cultivo de terras baixas de sequeiro, enquanto 40% praticavam o sistema de cultivo de terras altas de sequeiro. Isto deve-se ao facto de o DR4 e o Sizadane, que são cultivados principalmente pelos inquiridos, serem plantados em terras baixas de sequeiro.

4.3.3 Área total cultivada com arroz

A área total de cultivo de arroz difere de um inquirido para outro e pode determinar a produção de arroz. Os resultados indicam que 36,7% dos inquiridos utilizaram 2,1ha a 3,0ha de terra para cultivar arroz, 28,3% de 0,1 ha a 1,0 ha, 25% de 1,1 ha a 2,0 ha. Isto indica que os inquiridos se dedicam principalmente à agricultura de subsistência, o que é atribuível ao seu acesso limitado à terra.

4.3.4 Rendimento total de arroz no ano passado

Os resultados mostram que a maioria dos inquiridos, 73,3%, teve um rendimento total inferior a 1000 kg de arroz na última campanha agrícola, 21,7% tiveram 1001 kg a 2000 kg e 5% tiveram 2001 kg a 3000 kg de arroz.

4.3.5 Arroz para consumo familiar

Os resultados revelaram que todos os inquiridos, que representavam 100%, utilizavam a maior parte das suas receitas de arroz para consumo familiar. Os resultados revelaram ainda que a maioria dos inquiridos utilizou menos de 1000 kg para consumo familiar, representando 71,7%, 27,3% utilizaram 1001 kg a 2000 kg e apenas 5% utilizaram 2001 kg a 3000 kg.

4.3.6 Arroz para venda

Os resultados revelaram que a maioria dos inquiridos, 61,7%, não vende arroz, enquanto 38% venderam arroz no ano passado. Dos 23, 14 inquiridos, o que representa 23,3%, venderam menos de 500 kg de arroz, 6,7% venderam 501 kg a 1000 kg, 3,3% venderam 1001 kg a 1500 kg, enquanto 5% venderam 1501 kg a 2000 kg.

4.3.7 Arroz para sementeira

Os resultados revelaram que a maioria dos inquiridos, 83%, utilizou as sementes do produto para a campanha agrícola seguinte. Dos 83%, 45% utilizaram 6 kg a 10 kg de arroz, 18,3% utilizaram 11 kg a 15 kg, 15% utilizaram menos de 5 kg e 5% utilizaram 16 kg a 20 kg. Apenas 17% não utilizaram as sementes dos rendimentos, mas compraram-nas a agentes fiáveis.

4.3.8 Objetivo da cultura do arroz

O arroz é cultivado tanto para consumo familiar como para venda. No entanto, de acordo com os resultados, 78,3% dos inquiridos cultivavam arroz para consumo familiar, 18,3% para consumo familiar e venda e apenas 3,3% para venda.

4.3.9 Culturas alternativas ao arroz

Os resultados revelaram que 66,7% dos inquiridos cultivavam o amendoim como alternativa ao cultivo do arroz, 11,6% para o painço, 10% para o milho e para a horta e apenas 1,7% para a mandioca. A maioria dos inquiridos cultivava amendoim como cultura alternativa ao arroz simplesmente porque é a principal cultura de rendimento na Gâmbia.

Tabela 6: Produção de arroz dos inquiridos

Artigos	Número (n=60)	%
1). **Variedade de arroz**		
Nerica	25	41.7
Sizadane	31	51.7
DR4	32	53.3
2). **Sistema de cultivo de arroz**		
Terras baixas alimentadas pela chuva	36	60.0
Terras altas alimentadas pela chuva	20	40.0
3). **Total de hectares de terra**		
< 1 0	17	28.3
1.1 - 2.0	15	25.0
2.1 - 3.0	22	36.7
3.1 - 4.0	5	8.3
4.1 - 5.0	1	1.7
(Mínimo 0,5; Máximo 4,2; Média 1,82)		

Tabela 6: Produção de arroz dos inquiridos **(Cont.)**

Artigos	Número (n=60)	%
4). Rendimento total de arroz (Kg)		
<1000	44	73.3
1001 - 2000	13	21.7
2001 - 3000	3	5.0
(Mín. 400; Máx. 3450; Média 1730,83)		
5). Arroz para consumo familiar (kg)		
<1000	43	71.7
1001 - 2000	14	23.3
2001 - 3000	3	5.0

6). Arroz para venda (Kg) <500	14	15.0
501 - 1000	4	45.0
1001 - 1500	2	18.3
1501 - 2000	3	5.0
Nenhum	37	17.0
(Mínimo 200; Máximo 1600; Média 670,45)		
7). Objetivo da cultura do arroz Consumo familiar	47	78.3
Venda	2	3.3
Ambos	11	18.3
8). Cultura alternativa ao arroz Amendoim	40	66.7
painço	7	11.6
Mandioca	1	1.7
Milho	6	10.0
Horta	6	10.0

4.4 Factores de produção da cultura do arroz

Esta secção explica os factores de produção da cultura do arroz que são destacados a seguir. Estes factores são muito necessários na produção de arroz, pelo que podem levar as mulheres produtoras de arroz a ter uma produção e produtividade elevadas na cultura do arroz. Os resultados são apresentados no quadro 7.

4.4.1 Capital

Cada uma das fontes de capital para a cultura do arroz foi analisada separadamente. Os resultados indicaram que alguns inquiridos obtêm capital de mais do que uma fonte. Os resultados revelaram que 75% dos inquiridos obtinham capital a partir de poupanças pessoais, 56,7% a partir de amigos/parentes, 1,7% a partir de prestamistas e nenhum dos inquiridos a partir de instituições financeiras. A maioria dos inquiridos obteve capital das suas poupanças pessoais e de amigos/parentes. Os inquiridos recorrem a empréstimos do sector informal porque acham muito difícil aceder ao crédito das microfinanças, principalmente devido à falta de requisitos de garantia, uma vez que não possuem terras que normalmente servem de garantia.

A elevada taxa de juro dos empréstimos também dissuadiu os inquiridos de obterem empréstimos. E, finalmente, a maioria das instituições financeiras evita o crédito agrícola devido ao elevado risco decorrente dos caprichos do clima e da elevada dependência da precipitação para a agricultura ou de outras calamidades, tais como pragas frequentes e surtos de doenças.

4.4.1.1 Utilização do capital

Estes capitais foram utilizados para diferentes fins na produção de arroz. De acordo com as conclusões, 53,3% dos inquiridos utilizaram o capital para comprar factores de produção agrícola, tais como sementes e fertilizantes, 25% para o pagamento de um trator alugado, 16,7% para o pagamento de mão de obra, enquanto apenas 5% utilizaram o capital para comprar alfaias agrícolas. A maioria só pode comprar factores de produção agrícola porque tem um capital limitado e os factores de produção agrícola são baratos em comparação com as alfaias agrícolas.

4.4.1.2 Problemas encontrados na obtenção de capital

De acordo com as conclusões, os inquiridos tiveram problemas em obter capital das instituições financeiras. Os resultados revelaram ainda que 91,6% dos inquiridos não dispunham de garantias para obter um empréstimo/capital, 25% não tinham capacidade para pagar o empréstimo, 6,7% mencionaram o baixo nível de escolaridade como o problema encontrado para obter capital, enquanto apenas 3,3% não dispunham de informações ou conhecimentos sobre as instituições financeiras. A maioria não tinha garantias para obter um empréstimo. Isto está em conformidade com os factos acima referidos, segundo os quais nenhum dos inquiridos obteve capital junto de instituições financeiras. Tendo em conta o nível de rendimento dos inquiridos, será difícil para eles pagar o empréstimo, especialmente quando há perdas de produção.

4.4.2 Propriedade de terrenos

As constatações mostram que 56,6% dos inquiridos usaram terra familiar pertencente ao marido para cultivar arroz durante a última época agrícola, 40% adquiriram terra por herança, 1,7% arrendaram terra enquanto outros 1,7% usaram terra que lhes foi dada pelo governo. As constatações revelaram que a maioria dos inquiridos (56,6%) não possui terra própria, em vez disso, utilizaram terras familiares pertencentes aos seus maridos ou parentes. A razão para isto é que a tradição e a cultura da sociedade em que vivem não lhes dá o direito de possuir terra ou de aceder a terra fértil para cultivo, o que afecta o seu nível de agricultura e produção.

4.4.2.1 Problemas encontrados na aquisição de terras

Os resultados mostram que 53,3% dos inquiridos encontraram barreiras tradicionais e culturais, 18,3% não tinham propriedade e/ou controlo sobre a terra, enquanto 28,3% encontraram barreiras tradicionais e culturais e falta de propriedade e/ou controlo sobre a terra.

4.4.2.2 Soluções para os problemas encontrados

Para ultrapassar os problemas acima referidos, encontrados durante a aquisição de terra, 43,3% dos inquiridos sugeriram uma reforma no sistema de posse de terra, 23,3% sugeriram que fosse dado às mulheres o direito de possuir terra, enquanto 33,3% sugeriram tanto a reforma na posse de terra como o direito de as mulheres possuírem terra. Isto implica que a reforma da posse da terra dará espaço às mulheres para possuírem e controlarem terras férteis.

4.4.3 Trabalho

A constatação mostra que 98,3% dos inquiridos recorreram a mão de obra de membros da família, 73,3% a mão de obra contratada e 5% a apoio comunitário. A maioria dos inquiridos recorreu à mão de obra de familiares, o que é predominante na Gâmbia, porque o principal objetivo da cultura do arroz é o consumo familiar e os familiares fornecem apoio durante o período de cultivo.

4.4.3.1 Tipo de mão de obra contratada

Os resultados revelaram que 80% dos inquiridos contrataram mão de obra para a lavoura, 13,3% para a plantação, 5% para a colheita e apenas 1,7% para a monda. A maioria contratou mão de obra para a lavoura porque esta requer um trabalho intensivo que não pode ser efectuado pelas mulheres, uma vez que estas não dispõem de alfaias agrícolas adequadas. Contratavam tanto as suas companheiras como os seus colegas homens. A maioria dos jovens que costumavam ajudar as mães nos campos de arroz viajou para a Europa atravessando o Mar Mediterrâneo à procura de pastagens mais verdes. Este facto tem graves efeitos negativos na produção de arroz das mulheres agricultoras, pelo que os jovens são a principal força de trabalho no país.

4.4.3.2 Montante pago pela mão de obra

A contratação de mão de obra exige alguns pagamentos financeiros. De acordo com os resultados, 60% dos inquiridos pagaram menos de D1000 pela mão de obra, 36,7% pagaram entre D1001 e D2000, enquanto apenas 3,3% pagaram entre D2001 e D3000 pela mão de obra durante a época agrícola do ano passado. A maioria dos inquiridos pagou uma pequena quantia de rendimento para a mão de obra porque o seu nível de rendimento é muito baixo e não podem pagar pela mão de obra.

4.4.3.3 Implementos utilizados

Durante a investigação, foi revelado que os inquiridos utilizaram diferentes tipos de alfaias agrícolas no ano passado. A maioria dos inquiridos, 86,7%, utilizou um trator, 83,3% utilizou uma enxada, 40% utilizou uma semeadora, 3% utilizou tração animal, enquanto nenhum deles utilizou uma sachadora para mondar, em vez disso, utilizaram as suas mãos para arrancar as ervas nos campos de arroz. Os inquiridos não dispunham de instrumentos agrícolas adequados para o cultivo do arroz, o que afecta a qualidade e a quantidade do arroz produzido devido à insuficiência de capital.

Quadro 7: Factores de produção da cultura do arroz

Artigos	Número (n=60)	%
1) Capital		
Fonte (s) de capital (mais do que uma)		
Pessoal	45	75.0
Amigos/parentes	34	56.7
Emprestador de dinheiro	1	1.7
Instituição financeira	0	0.0
Utilização do capital		
Factores de produção agrícola	32	53.3
Pagamento do trator	15	25.0
Pagamento da mão de obra	10	16.7
Alfaias agrícolas	3	5.0
Problemas encontrados durante a obtenção de capital		
Falta de garantias	55	91.6
Baixo nível de escolaridade	15	25.0
Incapacidade de pagar o empréstimo	4	6.7
Falta de informação, de conhecimentos em matéria financeira	2	3.3
Instituição		

Quadro 7: Factores de produção da cultura do arroz (Cont.)

Artigos	Número (n=60)	%
2) Terreno		
Propriedade do terreno		
Terrenos familiares	34	56.6
Herança	24	40.0
Aluguer	1	1.7
Governo	1	1.7
Problemas encontrados na aquisição de terrenos		
Barreiras tradicionais e culturais	32	53.3
Falta de propriedade e/ou controlo sobre	11	18.3
Ambos	17	28.3
Soluções para os problemas encontrados		
Reformas da propriedade fundiária	26	43.3
Dar às mulheres o direito à terra	14	23.3
Ambos	20	33.3
3) Trabalho		
Fontes de trabalho		
Trabalho familiar	59	98.3
Mão de obra contratada	44	73.3
Apoio comunitário	3	5.0
Tipo de mão de obra contratada		
Lavoura	48	80.0

Plantação	8	13.3
Colheita	3	5.0
Monda	1	1.7
Montante pago pela mão de obra (D)		
< 1000	36	60.0
1001 -2000	22	36.7
2001 - 3000	2	3.3
(Mínimo=1; Máximo=; Média=1,4)		
Implementos utilizados		
Lavoura por trator	52	86.7
Enxada de brilho	50	83.3
Erva daninha	24	40.0
Semeador	3	5.0
Tração animal	0	0.0

4.5 Práticas agrícolas na produção de arroz

Em geral, na Gâmbia, as mulheres estão ativamente envolvidas e empenhadas em todas as fases da produção de arroz, simplesmente porque são as principais cultivadoras de arroz. Seguem-se as práticas agrícolas efectuadas pelas mulheres produtoras de arroz. O quadro 8 apresenta a análise das práticas agrícolas na produção de arroz.

4.5.1 Preparação do terreno

A preparação da terra é efectuada no início de julho. Os resultados revelaram que todos os 60 inquiridos limpavam manualmente as suas plantações de arroz. Esta tarefa é morosa e trabalhosa para as mulheres e tem algumas implicações na sua produção. Por conseguinte, têm de contar com o apoio dos seus homólogos masculinos.

4.5.1.1 Tipos de operações de lavoura utilizadas

Cada um dos tipos de operações de lavoura utilizadas para o cultivo do arroz foi analisado separadamente. De acordo com os resultados, 91,7% dos inquiridos usavam tractores para lavrar a sua parcela de terra, 55% usavam trabalho manual, enquanto 31,7% usavam tração animal. Esta é outra atividade que consome muito tempo e trabalho intensivo, o que leva os inquiridos a alugar um trator.

4.5.1.2 Número de lavrar a quinta

O resultado do número de vezes que os inquiridos lavraram o seu campo de arroz antes da plantação revelou que 81,7% dos inquiridos lavraram uma vez, 18,3% lavraram duas vezes e nenhum lavrou três vezes. O número de vezes que se lavra o arrozal depende significativamente do ambiente onde o arroz será cultivado, bem como da disponibilidade de dinheiro para pagar o custo da lavoura.

4.5.2 Plantação

4.5.2.1 Período de plantação de sementes de arroz

O principal período de plantação de sementes de arroz é em agosto (98,3%), quando as plântulas de arroz são transplantadas para o local permanente de cultivo. Apenas 1,7% plantaram arroz no final de julho.

4.5.2.2 Modo de plantação

O método de plantação influencia significativamente a taxa de sementes e depende da localidade, do tipo de solo, do ecossistema da cultura e da disponibilidade de insumos e mão de obra. As mulheres agricultoras selecionam sementes de muito boa qualidade e resistentes à seca, às ervas daninhas e às doenças. Os resultados destacaram que 95% dos inquiridos utilizaram o método de transplantação, 3,3% utilizaram o método de difusão e 20% utilizaram o método de perfuração para plantar sementes de arroz. Isto é feito manualmente, quer ao acaso, quer em linhas rectas, curvando-se durante horas.

4.5.3 Controlo/Gestão da água

4.5.3.1 Gestão da água

Nas zonas de planície, as inundações dos campos de arroz são eminentes e, por conseguinte, os produtores de arroz utilizam diferentes métodos para controlar a água nos seus campos de arroz. Cada uma das estratégias de gestão da água utilizadas na cultura do arroz foi analisada separadamente. O estudo revelou que a maioria dos inquiridos construiu diques e reparou fendas ou buracos (91,7%), 38,3% nivelaram os seus campos de arroz e 23,3% construíram canais de campo. Isto é principalmente para controlar o fluxo de água de e para outros campos de arroz.

4.5.3.2 Fonte de água

O controlo da água é muito importante na cultura do arroz. Isto deve-se simplesmente ao facto de a água determinar a eficiência de outros factores de produção na cultura do arroz. Na área de estudo, o arroz é cultivado nas terras baixas e os inquiridos dependem principalmente da água da chuva (71,7%), enquanto apenas 28,3% obtêm água através do sistema de irrigação. Relativamente ao número de vezes que os inquiridos irrigam os seus campos de arroz, os resultados da tabela 8 revelam que apenas 17 dos 60 inquiridos irrigaram os seus campos de arroz durante a última época de cultivo. Destes 17, a maioria 15 regou 1 a 2 vezes, enquanto apenas 2 inquiridos regaram 3 a 4 vezes.

4.5.4 Aplicação de fertilizantes

4.5.4.1 Tipo de fertilizante

Os fertilizantes são aplicados ao arroz durante o cultivo do arroz para melhorar a fertilidade e o conteúdo de matéria orgânica do solo. Os inquiridos aplicam o fertilizante espalhando-o na exploração de arroz durante a preparação da terra, bem como após a monda. O estudo revelou que 95% dos inquiridos aplicaram fertilizante químico chamado NPK, enquanto apenas 5% aplicaram adubo orgânico, como estrume animal e palha de arroz. Relativamente ao número de vezes de aplicação de fertilizantes (88,3%) aplicaram fertilizantes não mais de duas vezes durante o ano agrícola, enquanto apenas 11,7% aplicaram fertilizantes mais de duas vezes nos seus campos de arroz. Todos os inquiridos aplicaram fertilizantes por difusão manual durante a preparação da terra para o cultivo, bem como após a monda.

4.5.5 Gestão de pragas

As pragas são um dos constrangimentos enfrentados pelas mulheres agricultoras de arroz no ano passado. São difíceis de controlar e podem mesmo causar perdas na produção agrícola. Todos os inquiridos a 100% se queixaram de pragas, especialmente aves e porcos. Todas elas fazem espanta-pássaros para dissuadir as aves de comerem as sementes, colocando fitas à volta das plantas de arroz e fazendo barulho com gritos e palmas para assustar as aves.

4.5.6 Gestão de ervas daninhas

O estudo revelou que todos os inquiridos, 100%, mondam manualmente os seus campos de arroz usando as suas próprias mãos e enxadas. Relativamente ao número de mondas, a maioria dos inquiridos (48,3%) monda os seus campos de arroz duas vezes, 26,7% monda uma vez e 25% monda três vezes para controlar as ervas daninhas. A maioria monda duas vezes porque a monda é uma operação que exige trabalho e tempo. Este período é o mais atarefado e o que mais quebra as costas, pelo que se curvam durante horas para executar a tarefa.

4.5.7 Controlo de doenças

Para além das pragas, alguns dos campos de arroz dos inquiridos foram afectados pela doença. O estudo revelou que 92% dos inquiridos não sofreram doenças, enquanto apenas 8% sofreram doenças. Isto deve-se principalmente ao facto de terem utilizado sementes resistentes a doenças. Cada uma das medidas de controlo da doença tomadas durante o ano agrícola foi analisada separadamente. O estudo revelou ainda que 81,7% dos inquiridos escolheram variedades resistentes a doenças para o controlo de doenças, 13,3% utilizaram produtos químicos e 70% utilizaram práticas culturais.

4.5.8 Colheita

A colheita é uma das fases importantes da produção de arroz e, se não for efectuada corretamente, pode levar à perda de rendimento ou à perda pós-colheita. O estudo revelou que, na sua maioria, 39 (65%) dos inquiridos colheram o seu arroz 81 a 90 dias após a plantação, enquanto 35% colheram 91 a 100 dias. Os resultados revelaram ainda que todos os inquiridos 100% colheram manualmente os seus campos de arroz, utilizando foices ou facas de mão. Este é o método tradicional mais comum utilizado na maioria dos países em desenvolvimento, especialmente em África. Quanto ao número de vezes que a colheita é feita, 96,7% dos inquiridos colheram uma vez, enquanto apenas 3,3% colheram duas vezes.

4.5.9 Debulha e limpeza

Cada um dos métodos de debulha utilizados durante a última época agrícola foi analisado separadamente. Os resultados revelam que 96,7% dos inquiridos debulharam o arroz nas suas explorações, enquanto apenas 3,3% o fizeram em casa. Os resultados mostram ainda que 85% dos inquiridos utilizaram o método de bater contra os trilhos de debulha, enquanto apenas 20% utilizaram a máquina de debulhar. A maioria dos inquiridos não tem meios para pagar o custo da debulha mecânica, o que os leva a utilizar o método de bater contra a via de debulha. Este mau método de debulha tradicional levou à contaminação da colheita com areias e pequenas pedras. Relativamente à limpeza do grão, todos os inquiridos limparam o grão de arroz a 100% através da peneiração manual.

4.5.10 Secagem

Após a colheita, é muito necessário secar o arroz, pois uma secagem correta ajuda a manter a qualidade do grão e a reduzir as perdas. A principal razão para a secagem é reduzir o teor de humidade do grão de arroz para um nível seguro para o armazenamento. O estudo mostra que todos os inquiridos secaram o seu arroz a 100% através da secagem ao sol, em tapete ou lona, e apenas 2% para a secagem no campo e no pavimento. Quanto ao número de dias de secagem, 63,3% dos inquiridos secaram o arroz durante 1 a 2 dias e 36,7% durante 3 a 4 dias.

4.5.11 Armazenamento e gestão de sementes

O armazenamento adequado é muito necessário para manter a qualidade do arroz e para evitar os insectos. O estudo revelou que todos os inquiridos a 100% utilizaram apenas sacos para armazenar o grão, simplesmente porque estão facilmente disponíveis na sua localidade.

Quadro 8: Práticas agrícolas dos inquiridos na produção de arroz

Artigos	Número (n=60)	%
1) Preparação do terreno		
Limpeza de terrenos		
Manualmente	60	100.0
Tipos de operações de lavoura utilizadas		
Manual	33	55.0
Trator	55	91.7
Tração animal	19	31.7
Número de lavouras da exploração		
Uma vez	49	81.7
Duas vezes	11	18.3
2) Plantação		
Modo de plantação		
Perfuração	12	20.0
Elenco alargado	2	3.3
Transplantação	57	95.0
Período de plantação		
julho	1	1.7

agosto	59	98.3
3) Água		
Gestão da água	55	23.3
Construir o canal do campo		
Nivelar o campo	23	38.3
Construir feixes e reparar fendas ou buracos	14	91.7
Fonte de água		
Queda de chuva (água da chuva)	43	71.7
Rio (através de irrigação)	17	28.3

Quadro 8: Práticas agrícolas dos inquiridos na produção de arroz (Cont.)

Artigos	**Número**	
	(n=60)	**%**
Irrigação de arrozais		
1 - 2	15	88.2
3 - 4	2	11.8
(Mínimo = 1; Máximo = 3; Média = 1,41)		
4) Fertilizante		
Tipo de fertilizante		
NPK - Químico	57	95.0
Estrume orgânico	3	5.0
Aplicação de fertilização		
Manualmente e por difusão	60	100.0
Número de aplicações de fertilizantes		
0 - 2	53	88.3
3 - 4	7	11.7
(Mínimo = 1; Máximo = 3; Média = 1,48)		
5) Gestão das pragas		
Gestão de pragas		
Assustar aves	60	100.0
6) Monda		
Método de monda		
Manualmente	60	100.0
7) Números de monda		
Uma vez	16	48.3

Duas vezes	29	26.7
Três vezes	15	25.0
(Mínimo = 1; Máximo = 3; Média = 1,77)		

Quadro 8: Práticas agrícolas dos inquiridos na produção de arroz (Cont.)

	Artigos	Número (n=60)	%
	Doença		
8)	**Controlo da doença**		
	Escolha de uma variedade resistente às doenças	49	81.7
	Controlo químico	8	13.3
	Práticas culturais	42	70.0
	Colheita		
9)	**Dias de colheita após a plantação**		
	81 - 90	39	65.0
	91 - 100	21	35.0
	(Mínimo = 85; Máximo = 97; Média = 89,57)		
	Colheita do arrozal		
	Manualmente	60	100.0
	Número de colheitas		
	Uma vez	58	96.7
	Duas vezes	2	3.3
	(Mínimo = 1; Máximo = 2; Média = 1,03)		
10)	**Debulha**		
	Local de debulha		
	Fazenda	58	96.7
	Início	2	3.3
	Método de debulha		
	Debulha a pé	0	0.0
	Bater contra as eiras	51	85.0
	Debulhador de pás	0	0.0
	Debulha mecânica	12	20.0
11)	**Limpeza de grãos de arroz**		
	Manualmente por peneiração	60	100.0

Quadro 8: Práticas agrícolas dos inquiridos na produção de arroz (Cont.)

	Artigos	Número (n=60)	%
12)	**Secagem do grão de arroz Método de secagem**		
	Secagem no campo	0	0.0

Panícula seca	0	2.0
Secagem em tapete ou tela	60	100.0
Secagem do pavimento	0	0.0
Número de dias de secagem		
1 - 2	38	63.3
3 - 4	22	36.7
(Mínimo = 1; Máximo = 4; Média = 2,43)		
13) Armazenamento		
Método de armazenamento		
Sacos	60	100.0

4.6 Comercialização de produtos à base de arroz

Dos 60 inquiridos, apenas 24 venderam arroz para acumular rendimentos para as despesas familiares. As conclusões são discutidas abaixo e apresentadas no quadro 9.

4.6.1 Local de venda do arroz

Os resultados revelaram que os agricultores vendem a sua produção de arroz principalmente na aldeia onde vivem, no mercado semanal mais próximo ou no mercado mais próximo. Não existe um agente de compras organizado, que seja fiável e eficiente, na venda de arroz. A maioria dos inquiridos (95,8%) vendia no mercado semanal mais próximo (Lumo), 50% vendia na aldeia e 4,2% vendia no mercado mais próximo. Isto deve-se simplesmente ao facto de ser bem frequentado por diferentes pessoas de todo o país, bem como do Senegal, que é o país vizinho.

4.6.2 Compradores do arroz

De acordo com os resultados, os inquiridos vendem os seus produtos de arroz a qualquer cliente, que são principalmente transeuntes (70,8%) que frequentam o mercado semanal, aldeões (58,3%) e intermediários (20,3%). Nenhum dos agricultores vendeu a sua produção de arroz à cooperativa simplesmente porque a cooperativa tem recursos limitados para comprar a sua produção de arroz.

4.6.3 Problemas encontrados pelas mulheres produtoras de arroz durante a comercialização

As mulheres produtoras de arroz enfrentaram alguns problemas aquando da comercialização dos produtos de arroz. Os resultados mostram que o problema do preço baixo tem a maior frequência (23 em 24), simplesmente porque vendem os seus produtos a um preço muito baixo. Isto afecta-os na época agrícola seguinte, pois não terão rendimentos suficientes para comprar alguns insumos agrícolas, embora a principal razão para o cultivo do arroz não seja para fins comerciais. A falta de confiança nos potenciais compradores tem a segunda maior frequência (21 em 24) devido ao facto de a maioria dos compradores serem transeuntes que vêm ao mercado semanal, enquanto a inadequação do local/estrutura do mercado tem a menor frequência porque o cultivo de arroz é principalmente para consumo familiar e não para fins comerciais, limitando-os assim a vender os seus produtos no local onde vivem, no mercado próximo ou no mercado semanal próximo.

4.6.4 Necessidades das mulheres produtoras de arroz durante a comercialização

Os resultados revelam que um bom preço de mercado para a comercialização do arroz regista a frequência mais elevada. Os inquiridos precisam de um bom preço para o arroz, a fim de poderem obter bons rendimentos para comprar factores de produção e implementos agrícolas. Isto permitir-lhes-á aumentar o seu nível de produção. Os potenciais compradores fiáveis são a segunda frequência mais elevada devido ao facto de a maioria dos seus clientes serem transeuntes que não frequentam frequentemente o mercado semanal. A disponibilização de instalações de armazenamento é a frequência mais baixa, principalmente porque os inquiridos criam instalações de armazenamento nas suas respectivas casas, que consideram ser uma boa instalação de armazenamento para guardar o arroz em segurança.

Quadro 9: Comercialização do produto de arroz dos inquiridos

Artigos	Número (n=24)	%
1) Local de venda do arroz		
Mercado semanal próximo (lumo)	23	95.8
Na aldeia	12	50.0
Mercado próximo	1	4.2
Agente de compras organizado	0	0
2) Compradores do arroz		
Transeuntes	17	70.8
Aldeões	14	58.3
Intermediários	5	20.8
Cooperativas	0	0
3) Problemas encontrados durante a comercialização		
Preço baixo do arroz	23	95.8
Potenciais compradores pouco fiáveis	21	87.5
Competências de marketing inadequadas	17	70.8
Rede rodoviária deficiente	10	41.6
Armazenagem de sementes	9	37.5
Local/estrutura inadequados	1	4.2
4) Necessidades dos agricultores durante a comercialização		
Bom preço de mercado	24	100.0
Compradores potenciais fiáveis	23	95.8
Formação em competências de marketing	19	79.2
Estrutura de mercado adequada	6	25.0
Disponibilização de instalações de armazenamento	4	16.7

4.7 Papéis das mulheres na produção de arroz

Esta secção explica três papéis (produtor, decisor e comerciante) na produção de arroz que são desempenhados pelas mulheres produtoras de arroz na área de estudo. As conclusões sobre essas três funções importantes são apresentadas no Quadro 10.

4.7.1 Produtores

Os resultados revelaram que as tarefas mais executadas pelos inquiridos na produção de arroz são a limpeza do grão de arroz (90,0%), a gestão de ervas daninhas (80,0%), a secagem do grão (70,0%), a gestão de pragas (56,7%), a plantação de plântulas de arroz (53,3%), a colheita de arroz (50.0%), armazenamento de sementes (50,0%), aplicação de fertilizantes (46,7%), controlo de doenças (36,7%) nos campos de arroz são todas realizadas pelas mulheres na produção de arroz, enquanto a debulha (57%), a gestão da água (55,0%) e a preparação da terra (36,7%) são realizadas tanto pelas mulheres como pelos seus maridos.

Os inquiridos estão totalmente envolvidos em todas as actividades da produção de arroz, tanto na exploração agrícola como fora dela, pelo que desempenham um papel fundamental na produção de arroz na Gâmbia. Esta constatação explica que as mulheres realizam o trabalho de base na produção de arroz, incluindo tarefas como a plantação de sementes e a monda. Estão fortemente envolvidas no processamento pós-colheita. Normalmente, incorrem em perdas pós-colheita de grãos de arroz, tanto na exploração agrícola como fora dela, o que reduz a qualidade e a quantidade de arroz, limitando-as a vender os seus produtos no mercado.

Os homens estão envolvidos na preparação da terra, no controlo/gestão da água e na debulha. Isto deve-se simplesmente ao facto de estas actividades ou tarefas exigirem muita mão de obra e serem difíceis de executar apenas pelas mulheres. No entanto, com a disponibilidade de tractores, as mulheres agricultoras podem agora cultivar as terras dos agricultores com custos limitados.

Estas conclusões estão em conformidade com numerosos estudos efectuados sobre a participação das mulheres na produção de arroz. Kroma (2002) salientou que as mulheres na Serra Na Tanzânia, as mulheres são as principais responsáveis pela plantação, monda e colheita, enquanto os homens se ocupam da preparação da terra. Noutro estudo relacionado, o RIDC (2009) referiu que, na Tanzânia, as mulheres estão envolvidas em todos os aspectos da mudança de valor do arroz, particularmente na plantação, monda, afugentamento de aves, colheita, transformação e comércio. A FAO (2004a) afirmou que as actividades relacionadas com a plantação, a monda, a colheita, a transformação, a gestão e a conservação das sementes são normalmente da responsabilidade das mulheres. Nalguns países, a cultura do arroz é considerada como uma atividade estritamente feminina (por exemplo, no sul do Senegal: Banco Mundial).

É interessante notar que, apesar de todos estes esforços, a produção e a produtividade das mulheres produtoras de arroz continuam a ser muito baixas devido à falta de mão de obra e de tecnologias que poupem tempo e a outros factores de produção, como o crédito e os factores de produção sazonais. O impacto negativo desta baixa produção tem uma dimensão nacional, uma vez que o país continua a depender da importação de arroz para a sua alimentação. As mulheres produtoras de arroz realizam todas as tarefas acima mencionadas com enxadas, o que limita certamente a sua produtividade.

E, mais importante, as mulheres produtoras de arroz não usam frequentemente a tração animal e não aplicam fertilizantes de forma eficaz. Isto estava em conformidade com a informação do Relatório NASS de 2013 para os anos 2008-2013, que mostrava que as culturas cultivadas principalmente por mulheres (arroz de terras altas e arroz de pântano) e estas mostravam aumentos gerais tanto na área de terra cultivada como no volume de produção (em toneladas métricas), mas os rendimentos médios por área ainda permanecem relativamente baixos e isto pode ser atribuído a uma menor utilização de tração animal e aplicação de fertilizantes pelas mulheres agricultoras em comparação com as culturas produzidas principalmente por homens: amendoim e grãos grossos (NASS, 2013).

Boserup (1970) mencionou que quase todas as tarefas relacionadas com a produção de alimentos são realizadas por mulheres rurais em África. Na Gâmbia, as mulheres representam mais de 45% de toda a força de trabalho agrícola e 95% da força de trabalho na produção de arroz (NARD 2014). Esta é uma indicação clara de que na Gâmbia as mulheres desempenham um papel fundamental na produção de alimentos, mais particularmente na produção de arroz. Pode-se, portanto, concluir que a maior parte do arroz de sequeiro, que é a principal fonte de produção de arroz do país, é principalmente gerida e cultivada por mulheres.

4.7.2 Tomador de decisões

Os dados sobre a tomada de decisões sobre as tarefas realizadas pelos inquiridos na produção de arroz revelam que a maioria dos inquiridos (60,0%) tomou decisões sobre a gestão de ervas daninhas, (58,3%) sobre a gestão de pragas, (55,0%) sobre a aplicação de fertilizantes, (53,3%) sobre a plantação, (53.3%) sobre o controlo de doenças, (50,0%) sobre a colheita, enquanto tanto as mulheres como os homens tomam decisões sobre a gestão da água (61,7%), a preparação da terra (55%), o armazenamento de sementes (63,3%), a debulha (465), o local de venda do arroz (45,8%) e o preço de venda (41,7%). Isto deve-se simplesmente ao facto de todas estas tarefas serem executadas por mulheres.

A tomada de decisões na Gâmbia é maioritariamente feita pelos homens. No entanto, os resultados revelaram que as mulheres tomam decisões sobre a maioria das actividades na produção de arroz. Os resultados revelaram que as mulheres são as principais decisoras na produção de arroz. Tomaram decisões sobre a plantação, a aplicação de fertilizantes, o controlo de pragas e doenças, a monda, a colheita, a secagem e a limpeza do grão de arroz. Isto deve-se simplesmente ao facto de realizarem a maior parte das tarefas na produção de arroz, enquanto os homens cultivam a principal cultura de rendimento, o amendoim. As mulheres consultaram os seus homólogos homens e tomaram decisões conjuntas sobre a preparação da terra, a gestão da água, a debulha e o armazenamento de sementes. Isto é simples porque estas tarefas requerem o apoio dos homens para as ajudarem a realizar a tarefa, mas, no entanto, por vezes, realizam-nas sozinhas.

Relativamente à tomada de decisões na comercialização, tanto as mulheres como os homens tomam decisões conjuntas sobre a venda dos produtos de arroz. Isto deve-se ao facto de o dinheiro acumulado com a venda dos produtos de arroz ser utilizado para satisfazer as necessidades de algumas famílias. Squire (2003) sublinhou que o papel das mulheres na produção agrícola e no desenvolvimento nacional se tornou mais reconhecido em termos das actividades agrícolas, incluindo a tomada de decisões e a execução dessas decisões independentemente dos homens.

Este facto contrasta com as conclusões de Hwang et al (2011) sobre o papel das mulheres na tomada de decisões no seio do agregado familiar na Coreia e no agregado familiar de produtores de arroz das Filipinas, que concluíram que, apesar de as mulheres desempenharem um papel importante no agregado familiar agrícola, têm menos poder no processo de tomada de decisões. Koppen (2001) também afirmou que, na tomada de decisões agrícolas, o papel dos homens era muito mais forte do que o das mulheres.

4.7.3 Comerciante

De acordo com as conclusões, dos 60 inquiridos que foram entrevistados, apenas 24 venderam o seu produto de arroz após a colheita dos produtos de arroz no ano passado. O estudo revela ainda que 79% dos que venderam o seu arroz no ano passado eram mulheres, enquanto apenas 21% dos inquiridos disseram que o seu produto de arroz foi vendido pelos seus homólogos homens. As razões que os levaram a vender o arroz foram a satisfação das despesas domésticas e a compra de utensílios agrícolas para a época agrícola seguinte. Venderam o seu produto a qualquer consumidor, na sua maioria em dinheiro, quer na aldeia onde viviam, quer no mercado próximo ou no mercado semanal próximo.

A venda e a compra abertas dos produtos das mulheres agricultoras caracterizam principalmente o fenómeno do mercado. No entanto, elas não têm conhecimentos e competências sobre como comercializar os seus produtos para obter lucros. Utilizaram sobretudo o mecanismo de preços como meio de criar mercados para os seus produtos, em comparação com outras estratégias de comercialização. E, mais importante ainda, não dispõem de uma estrutura de marketing e de potenciais compradores, o que os afecta seriamente na realização de lucros.

Esta constatação está em conformidade com numerosos estudos sobre o papel das mulheres na comercialização de produtos agrícolas. Baden (1998) afirmou que, na África Ocidental (Gana, Guiné), as mulheres dominam o comércio privado de produtos alimentares. Da mesma forma, na Tanzânia, as mulheres dedicam-se à comercialização de alimentos de pequena escala e de baixo lucro, transformando e vendendo os seus próprios produtos no mercado local.

Akinbode (2003) salientou que a comercialização implica a venda e a compra e o transporte de alimentos de e para o ponto de venda ao comprador. De acordo com as definições anteriores, pode dizer-se que as mulheres desempenham um papel fundamental na comercialização do arroz. Tudo indica que as mulheres estão sujeitas a perder rendimentos e controlo à medida que transportam o produto da exploração agrícola para o mercado. A extensão agrícola concentra-se geralmente em melhorar a capacidade de produção, mas tende a prestar pouca ou nenhuma atenção ao que acontece depois da colheita: o manuseamento, a transformação e o armazenamento do arroz. Todas estas tarefas são muito necessárias para aumentar a eficácia do mercado e reduzir as perdas e aumentar os lucros.

Quadro 10: Funções dos inquiridos na produção de arroz

Papéis em Produção de arroz	Inquiridos (n=60)							
	Mulher		Marido		Ambos		Outros **membros** da família	
	Não	**%**	**Não**	**%**	**Não**	**%**	**Não**	**%**
Produtor								
Limpeza do grão	54	90.0	0	0.0	6	10.0	0	0.0
Gestão de ervas daninhas	48	80.0	3	5.0	9	15.0	0	0.0
Secagem do grão	42	70.0	1	1.7	17	28.3	0	0.0
Gestão das pragas	34	56.7	8	13.3	16	26.7	2	3.3
Plantação	32	53.3	9	15.0	19	31.7	0	0.0
Colheita	30	50.0	4	6.6	25	41.7	1	1.7
Armazenamento de sementes	30	50.0	20	33.3	10	16.7	0	0.0
Fertilizante aplicação	28	46.7	10	16.7	21	35.0	1	1.7
Controlo de doenças	22	36.7	13	21.7	16	26.6	0	0.0
Debulha	21	35.0	8	13.3	31	51.7	0	0.0
Controlo/gestão da água	14	23.3	13	21.7	33	55.0	0	0.0
Preparação do terreno	10	16.6	21	35.0	22	36.7	7	11.7

Quadro 10: Funções dos inquiridos na produção de arroz (Cont.)

Papéis em Produção de arroz	Inquiridos (n=60)							
	Mulher		Marido		Ambos		Outros família **Membros**	
	Não	**%**	**Não**	**%**	**Não**	**%**	**Não**	**%**
Tomador de decisões								
Gestão de ervas daninhas	36	60.0	8	13.3	16	26.7	0	0.0
Gestão das pragas	35	58.3	10	16.7	15	25.0	0	0.0
Fertilizante aplicação	33	55.0	11	18.3	16	26.7	0	0.0
Plantação	32	53.3	7	11.7	21	35.0	0	0.0
Controlo de doenças	32	53.3	20	33.3	8	13.3	0	0.0
Colheita	30	50.0	8	13.3	22	36.7	0	0.0
Controlo/gestão da água	15	25.0	8	13.3	37	61.7	0	0.0

Preparação do terreno	12	20.0	15	25.0	33	55.0	0	0.0
Armazenamento de sementes	13	21.7	9	15.0	38	63.3	0	0.0
Debulha	22	36.7	10	16.7	28	46.6	0	0.0
Local de venda de arroz	7	29.2	6	25.0	11	45.8	0	0.0
Preço de venda	9	37.5	5	20.8	10	41.7	0	0.0
Comerciante								
Venda de arroz	17	70.8	7	29.2	0	0.0	0.	0 0.0

4.8 . Apoios recebidos de organizações afins pelas mulheres produtoras de arroz

Esta secção destaca os apoios recebidos pelas mulheres produtoras de arroz de algumas instituições governamentais através da implementação de projectos agrícolas, conforme especificado abaixo e no quadro 11.

Existem três organizações que prestaram diferentes tipos de apoio às mulheres produtoras de arroz. O objetivo geral destas organizações ou projectos é aumentar o rendimento e a produtividade das culturas. O Departamento de Agricultura, que é o organismo principal, presta apoio técnico e serviços agrícolas aos agricultores. O departamento implementa o Projeto de Produtividade Agrícola da África Ocidental (WAAPP), o Projeto Nacional de Desenvolvimento da Gestão Agrícola da Terra e da Água (NEMA) e o Projeto Participativo de Gestão Integrada de Bacias Hidrográficas, que fornece gratuitamente às mulheres produtoras de arroz insumos e alfaias agrícolas, constrói diques, vias de comunicação e pontes, dá acesso a estradas e desenvolve capacidades no domínio da produção de arroz.

A recém-formada Sociedade Cooperativa de Produtores de Arroz, uma organização de base comunitária, forneceu aos seus membros variedades de arroz melhoradas, serviços de lavoura e apoia os seus membros na transformação do arroz, na comercialização e na formação em técnicas de produção melhoradas.

Por sua vez, a ONG Action Aid The Gambia (AATG) forneceu aos agricultores insumos e implementos agrícolas, bem como sementes e bancos de cereais. Estas intervenções tiveram um impacto positivo na produção e na produtividade do arroz. No entanto, o país não consegue satisfazer a procura de arroz por parte da sua população.

Tabela 11: Organizações e tipos de apoio prestado às mulheres produtoras de arroz

Organização/Projectos	Tipo de apoio
Projeto de Produtividade Agrícola da África Ocidental	- Insumos agrícolas, tais como sementes, fertilizantes (NPK e ureia), pesticidas - Alfaias agrícolas, tais como motocultivadores, enxadas e semeadores. - Reforço das capacidades em matéria de produção de arroz

Participativo integrado Projeto de gestão de bacias hidrográficas	- Terras altas e de baixa conservação, - Construção de diques, vias de comunicação e pontes, - Permitir o acesso ao arrozal, - Fornecer sementes como as resistentes ao sal e - Formação sobre a produção de arroz

Tabela 11: Organizações e tipos de apoio prestado às mulheres produtoras de arroz (Cont.)

Organização/Projectos	**Tipo de apoio**
Action Aid Gâmbia	- Insumos agrícolas, tais como fertilizantes, sementes; - Introduzir a banca de cereais; - Fornecer máquinas de fresagem; - utensílios agrícolas, tais como semeadores, enxadas, debulhadoras; e - apoiou a associação de produtores de arroz com subvenções para a compra de fertilizantes para os seus membros
Ministério da Agricultura	- Fornecer aos agricultores serviços de mecanismos agrícolas, - Prestar apoio técnico aos agricultores, - Divulgar informação agrícola aos agricultores para que estes adoptem novas tecnologias e aumentem os seus rendimentos, - Proporcionar aos agricultores o desenvolvimento de capacidades, como formação, demonstração, visitas de campo e alguns métodos de extensão que melhorarão o seu nível de produção.
Sociedade Cooperativa de Produtores de Arroz	- Fornecer variedades de arroz melhoradas e serviço de lavoura, - apoiar os membros no domínio da transformação do arroz, da comercialização e da formação em técnicas de produção melhoradas
Projeto Nacional de Desenvolvimento da Gestão das Terras Agrícolas e da Água - Nema	- Construção de diques, vias de comunicação e pontes - Fornecer reforço das capacidades aos produtores de arroz

4.9 Problemas enfrentados pelas mulheres produtoras de arroz

Embora os esforços das mulheres na produção de arroz estejam visivelmente a contribuir imensamente para o crescimento microeconómico e a satisfazer, em certa medida, as necessidades de consumo alimentar da maioria das famílias da Gâmbia. As mulheres produtoras de arroz continuam a confrontar-se com problemas de vária ordem ao nível da produção. Durante o estudo, alguns dos problemas na produção de arroz foram considerados os seguintes

4.9.1 Falta de crédito à agricultura/ Subvenções

Os inquiridos não dispunham de capital para comprar insumos agrícolas de qualidade (sementes; ferramentas, instrumentos e equipamento agrícolas; pesticidas e herbicidas; e para empregar mão de obra e formadores qualificados, etc.) para se dedicarem à agricultura em grande escala. Embora existam instituições financeiras a operar na área de estudo, os inquiridos têm muito poucas oportunidades de aceder a empréstimos. A maioria dos inquiridos queixou-se da elevada taxa de juro associada ao empréstimo por parte das micro-finanças.

4.9.2 Implementos agrícolas inadequados

Os instrumentos agrícolas têm a segunda maior frequência, simplesmente porque a maioria dos inquiridos não possui os instrumentos agrícolas que utiliza. São alugados ou emprestados por amigos, parentes e vizinhos. Estas aldeias caracterizam-se, entre outras coisas, por um acesso deficiente aos factores de produção e às alfaias agrícolas. Isto normalmente atrasa o seu tempo em certos períodos da agricultura, quando quase todos os agricultores estão ocupados na sua exploração agrícola a utilizar as alfaias agrícolas. Este problema afecta a quantidade e a qualidade do arroz produzido pelos inquiridos.

4.9.3 Acesso inadequado à terra

Os inquiridos não têm acesso adequado, controlo e propriedade de terra produtiva ao abrigo do sistema de posse comunal. Têm acesso à terra através do marido ou da família. Esta situação limitou o seu nível de produção e produtividade e teve consequências significativas para o desenvolvimento socioeconómico sustentável do país, tendo em conta o papel significativo que as mulheres desempenham na agricultura, que é a espinha dorsal da economia gambiana.

4.9.4 Incerteza da precipitação

A precipitação é também um fator primário que afecta os inquiridos nos seus campos de arroz. A produção agrícola na Gâmbia depende muito da pluviosidade e, normalmente, regista-se uma pluviosidade irregular. Este facto conduziu normalmente a uma fraca produção agrícola, ao aumento da insegurança alimentar e da pobreza. Devido à precipitação irregular registada no ano passado, a maioria dos agregados familiares enfrentou uma escassez de alimentos durante meses e depende de arroz importado, pelo que o arroz é o principal alimento estável.

4.10 Necessidades das mulheres produtoras de arroz

A produção de arroz depende de numerosos factores. Os inquiridos precisam de ter acesso a recursos importantes, tais como subsídios agrícolas, insumos agrícolas e tecnologia de melhoria da produção de arroz (informação e equipamento). Os inquiridos precisavam do seguinte para poderem intensificar a produção de arroz para aumentar a produção de arroz no país, garantindo assim a segurança alimentar ao nível do agregado familiar. Isto ajudará a reduzir a pobreza nas zonas rurais, uma vez que a agricultura é a fonte de rendimento e o pilar da economia do país.

As seguintes necessidades dos inquiridos foram identificadas e classificadas de acordo com a sua importância durante as discussões dos grupos de discussão;

1. Crédito/subsídios agrícolas
2. Implementos e factores de produção agrícola
3. Informação/conhecimento sobre novas tecnologias de produção de arroz, comercialização, créditos/empréstimos agrícolas, regime pluviométrico e variedades de sementes
4. Boa rede de estradas para os arrozais
5. Mercado/estrutura

Segue-se a discussão completa de cada um deles;

4.10.1 Crédito agrícola/subsídios

A provisão de subsídios agrícolas é vista como a chave para ultrapassar a maioria dos seus constrangimentos, uma vez que a maioria não tem capital para comprar implementos e insumos agrícolas devido ao seu elevado custo. A concessão de crédito aos inquiridos também é considerada importante, especialmente quando esse esquema é gerido e controlado localmente. O crédito é essencial para o desenvolvimento agrícola e é frequentemente um elemento-chave da modernização agrícola. Pode resolver os constrangimentos financeiros e aumentar a produção e o rendimento. Pode também acelerar a adoção de tecnologias-chave na cultura do arroz.

4.10.2 Implementos e factores de produção agrícolas

Os inquiridos necessitam de instrumentos agrícolas como semeadores, tractores, motocultivadores e debulhadoras de arroz. Todos estes são equipamentos que poupam tempo e mão de obra. A falta de implementos agrícolas de mercadorias reduz a qualidade do arroz e também aumenta o custo da mão de obra para as mulheres produtoras de arroz. Insumos agrícolas como fertilizantes de qualidade, pesticidas e sementes para aumentar a produção de arroz. O governo fornece fertilizantes e sementes, mas estes não são suficientes para todos os agricultores do país.

4.10.3 Necessidade de informação

Os inquiridos precisam de informação/conhecimento sobre novas tecnologias na produção de arroz, marketing, créditos/empréstimos agrícolas, padrão de precipitação e variedades de sementes. Estas conclusões coincidem com as de Kamba (2009), que sublinhou que a comunidade pode desenvolver-se se reconhecer e utilizar da melhor forma a informação como uma ferramenta para o desenvolvimento, incluindo a agricultura. Para minimizar o efeito da incerteza e da falta de fiabilidade da chuva, a unidade geométrica deve orientar os inquiridos sobre o padrão de precipitação e outras estratégias de mitigação das alterações climáticas. Isto está em consonância com Sligter (2002), que salientou que o acesso a informações relevantes sobre previsões meteorológicas e a sua comunicação podem reduzir significativamente o risco e a incerteza na agricultura de sequeiro. Isto forneceria aos inquiridos informações sobre o padrão de precipitação para planearem o momento certo para plantarem as suas culturas.

Os inquiridos precisam de informação eficaz sobre extensão agrícola para os ajudar a produzir e aumentar o arroz local. Isto permitir-lhes-ia adaptarem-se a novas tecnologias de produção e pós-colheita

A necessidade de formação dos inquiridos sobre o serviço de desenvolvimento empresarial será de extrema importância, uma vez que lhes permitirá ter uma melhor compreensão sobre como vender os seus produtos para obter o máximo lucro.

4.10.4 Boa rede de estradas para os campos de arroz

Os inquiridos têm dificuldade em aceder aos seus campos de arroz durante a época agrícola, pois algumas das estradas não são boas. Quando os campos de arroz estão inundados, torna-se perigoso e, por vezes, impossível para eles acederem às suas quintas. Por conseguinte, a necessidade de construir passadiços e pontes pedonais será muito necessária para lhes permitir ter acesso aos seus campos para cultivar arroz, proporcionando assim comida para a sua família.

4.10.5 Mercado/Estrutura

No entanto, o principal objetivo da cultura do arroz é o consumo familiar. Alguns dos inquiridos que vendem parte dos seus rendimentos deparam-se com o problema de onde vender os seus produtos. Não existe um mercado pronto para venderem o seu arroz e, por isso, a necessidade de os colocar no mercado é também muito importante.

CONCLUSÕES E RECOMENDAÇÕES

Este capítulo está dividido em duas secções principais. A primeira secção explica as conclusões retiradas dos resultados da investigação. A segunda secção apresenta algumas recomendações para ajudar as mulheres produtoras de arroz a melhorar a sua produção de arroz, bem como para as aliviar das tarefas tradicionais laboriosas e morosas, e sugere estudos futuros.

Conclusões

O estudo constatou que as mulheres desempenhavam papéis fundamentais na produção de arroz na Gâmbia. Desempenharam o papel de produtoras, comerciantes e decisoras na produção de arroz, contribuindo assim imensamente para a segurança alimentar nas zonas rurais da Gâmbia. Abaixo encontra-se a discussão completa das conclusões sobre os papéis das mulheres no cultivo do arroz.

Produtor

As tarefas que se seguem são executadas durante o cultivo do arroz pelos inquiridos nesta investigação.

Limpeza dos grãos

A limpeza do grão foi realizada por (90%) dos inquiridos que limparam o grão de arroz para remover sementes de ervas daninhas, palhas de lixo, terra e outros materiais não relacionados com o grão. Isto ajudá-los-á a melhorar a capacidade de armazenamento das sementes, a melhorar a qualidade da moagem e a minimizar os danos causados pelos insectos.

Gestão de ervas daninhas

A gestão das ervas daninhas, muito importante na produção de arroz, foi efectuada pela maioria dos inquiridos (80,0%) para permitir que a cultura cresça sem competir com outras ervas daninhas pela fertilidade do solo.

Secagem de grãos de arroz

Para a secagem do grão de arroz, (70,0%) dos inquiridos secaram o grão de arroz ao sol para reduzir o teor de humidade do armazenamento para um armazenamento adequado e para reduzir a elevada quebra do grão durante a moagem para uma melhor qualidade.

Gestão de pragas

A gestão das pragas é muito importante durante o cultivo do arroz, uma vez que ajudará a evitar uma baixa produção e, consequentemente, um menor rendimento para os inquiridos se a cultura for atacada por uma praga. A maioria dos inquiridos (56,7%) realizou esta tarefa.

Plantação de mudas de arroz

A plantação de plântulas de arroz é uma das tarefas mais árduas, que consome tempo e é muito intensiva. Os resultados mostram que a maioria dos inquiridos (53,3%) realizou esta tarefa, na sua maioria através do método de transplantação.

Colheita do arroz

A colheita do arroz é feita principalmente pelos inquiridos (50,0%), mas estes recebem apoio familiar dos seus familiares, incluindo o marido e outros membros da família. Todos os inquiridos 100% colhem manualmente os seus campos de arroz utilizando foices ou facas de mão e incorrem em perdas durante a colheita.

Armazenamento de sementes

O bom armazenamento das sementes é muito importante para manter a qualidade do arroz e evitar os insectos. O estudo revelou que (50,0%) dos inquiridos armazenaram as suas sementes de arroz utilizando sacos (100%), que são a maior parte das vezes a localidade disponível para eles.

Aplicação de fertilizantes

A aplicação de fertilizantes nos arrozais foi feita pela maioria (46,7%) dos inquiridos. A maioria dos inquiridos aplicou fertilizantes químicos (95%) para melhorar a fertilidade e o teor de matéria orgânica do solo. A altura em que se aplicam os fertilizantes depende do rendimento disponível para os comprar, mas a maioria dos inquiridos (88,3%) aplicou-os não mais do que duas vezes, através de uma difusão manual durante a preparação da terra para o cultivo, bem como após a monda.

Controlo de doenças

O controlo de doenças nos campos de arroz foi feito principalmente pelos inquiridos (36,7%), mas foram apoiados pelos seus maridos (21,7%). A maior parte dos inquiridos (92%) não sofre de surtos de doenças nos seus campos de arroz, principalmente porque escolhem variedades resistentes a doenças.

Debulha

Os resultados revelaram que a debulha é efectuada conjuntamente pelas mulheres e pelos maridos (57%), principalmente nos seus campos de arroz, e que é utilizado o método da pancada em vez do método das faixas de debulha (85%). Isto deve-se ao facto de exigir muita mão de obra e de ser também uma fase crucial na produção de arroz. A debulha atempada é essencial para evitar perdas, porque qualquer atraso entre o corte e a debulha acaba por conduzir a uma rápida deterioração dos grãos, o que normalmente afecta a comercialização do arroz.

Gestão da água

A gestão da água nos arrozais foi efectuada conjuntamente pelas mulheres e pelos maridos (55,0%) através da construção de diques e da reparação de fendas ou buracos (91,7%). Esta atividade é mais difícil de realizar, sobretudo quando os arrozais estão inundados.

Preparação do terreno

A preparação da terra para o cultivo do arroz foi efectuada conjuntamente pelas mulheres e pelo marido (36,7%) e também com o apoio de outros membros da família (11,7%). Esta preparação é efectuada com recurso a alfaias agrícolas simples, tais como machados e facas.

Tomador de decisões

As mulheres produtoras de arroz inquiridas são as principais responsáveis pela tomada de decisões na produção de arroz, uma vez que são elas que realizam a maior parte das tarefas na produção de arroz. A maioria dos inquiridos, 60,0%, tomou decisões sobre a gestão de ervas daninhas, 58,3% sobre a gestão de pragas, 55,0% sobre a aplicação de fertilizantes, 53,3% sobre a plantação, 53,3% sobre o controlo de doenças e 50% sobre a colheita. Foi ainda revelado que tanto as mulheres como os seus maridos tomaram conjuntamente decisões sobre a gestão da água (61,7%), a preparação da terra (55% dos inquiridos), o armazenamento de sementes (63,3% dos inquiridos), a debulha (46% dos inquiridos), o local de venda do arroz (45,8% dos inquiridos) e o preço de venda (41,7% dos inquiridos). Tomaram decisões conjuntas sobre estas tarefas, pelo que todas elas constituem uma fase crucial na produção de arroz, que os pode ajudar a evitar perdas, aumentando assim a sua produção e comercialização de arroz.

Comerciante

Verificou-se que, das 60 mulheres inquiridas, apenas 24 vendiam o seu arroz. Além disso, foi revelado que 79% das inquiridas vendiam o arroz sozinhas a qualquer consumidor, principalmente a dinheiro, quer na aldeia onde viviam, quer no mercado semanal mais próximo. Ao fazê-lo, careciam de estrutura de marketing e de conhecimentos e competências sobre como comercializar o seu produto para obter lucro. Utilizavam frequentemente o mecanismo de preços como meio de criar mercados para os seus produtos, em comparação com outras estratégias de marketing.

Apesar destes esforços, a sua produção continua a ser muito baixa devido ao fraco acesso a factores de produção sazonais de boa qualidade, tais como sementes e fertilizantes de boa qualidade (orgânicos e inorgânicos); ao fraco acesso ao crédito; ao fraco acesso a terras produtivas e à sua propriedade; ao fraco acesso à informação sobre tecnologias melhoradas; a factores ambientais naturais desfavoráveis, tais como condições meteorológicas erráticas e infestação de pragas e doenças; a restrições de comercialização; e à disponibilidade inadequada de instituições financeiras rurais. O impacto negativo desta baixa produção tem uma dimensão nacional, uma vez que o país continua a depender da importação de arroz para a sua alimentação

Para resolver estes problemas, as mulheres produtoras de arroz precisam de crédito/subsídios agrícolas, implementos e factores de produção agrícolas, informação/conhecimento sobre novas tecnologias de produção de arroz, comercialização, créditos/empréstimos agrícolas, padrões de pluviosidade e boas variedades de sementes, uma boa rede de estradas para os campos de arroz e locais/estruturas de mercado.

Algumas destas necessidades estão atualmente a ser tratadas por vários projectos do governo e de organizações não governamentais. Será prudente que estas organizações colaborem eficazmente para utilizar ao máximo os recursos para atingir os seus respectivos objectivos. É necessário que intensifiquem o seu apoio para melhorar o desenvolvimento da agricultura da Gâmbia, de subsistência para níveis comerciais.

Recomendações

Recomendações para organizações afins

Na Gâmbia, as mulheres assumem a responsabilidade total pela produção doméstica de alimentos. Produzem 96,6% do arroz cultivado no país. As mulheres são capazes de o fazer com recursos de produção limitados e dependem maioritariamente do conhecimento indígena para melhorar a sua produção. Isto implica que têm a capacidade de ser treinadas para adaptar novas tecnologias no cultivo do arroz, bem como na comercialização, pelo que foram capazes de aprender e adaptar os conhecimentos tradicionais. A idade jovem dos inquiridos mostra que as mulheres podem fornecer mão de obra nos campos de arroz, pelo que a sua capacidade se reflecte frequentemente nos seus campos de arroz. Isto foi claramente indicado nos resultados da investigação, em que se verificou que as mulheres desempenhavam todas as tarefas na produção de arroz. As mulheres têm a capacidade de participar em qualquer programa de desenvolvimento relacionado com a cultura do arroz e estarão mais dispostas a participar, uma vez que este é orientado para a melhoria das suas condições socioeconómicas. Além disso, as mulheres na Gâmbia formaram-se em pequenos grupos de gestão que podem ser facilmente acessíveis para formação e disseminação de informação agrícola. A Gâmbia tem todo o potencial para cultivar arroz para satisfazer a procura do país e exportá-lo para outros países. Por conseguinte, se o governo, as organizações não-governamentais e os indivíduos privados aderirem às recomendações destacadas abaixo, as mulheres poderão aumentar a sua produção e obter rendimentos para melhorar o seu estatuto.

Com base nas conclusões do estudo, foram formuladas as seguintes recomendações. Isto ajudaria a melhorar a produtividade e a produção de arroz no país.

1) Permitir que as mulheres produtoras de arroz tenham acesso e possuam terras para fins agrícolas. A maioria dos inquiridos (56,6%) utiliza a terra da família ou do marido para cultivar. Não têm acesso a terras férteis e a terras próprias.

2) As mulheres produtoras de arroz deveriam beneficiar de facilidades de crédito/empréstimos com juros reduzidos para poderem comprar alfaias agrícolas e factores de produção para a cultura do arroz. 75% dos inquiridos obtiveram capital a partir de poupanças pessoais que nem sequer os podem ajudar a comprar insumos agrícolas e implementos que são caros e, ao mesmo tempo, pagar a mão de obra para lavrar os seus campos de arroz. Enquanto 56,7% recorreram a amigos/parentes.

3) As mulheres produtoras de arroz devem dispor de alfaias agrícolas que possam ser utilizadas por elas, tais como alfaias de tração animal, como semeadores e sachadores. Conceber alfaias agrícolas leves que possam ser utilizadas pelas mulheres e puxadas por animais para as aliviar de tarefas pesadas. Será também necessário fornecer às mulheres produtoras de arroz alfaias de pós-colheita, como debulhadoras e máquinas de moagem de arroz, e dar-lhes formação sobre a forma de as utilizar eficazmente. As mulheres produtoras de arroz careciam de implementos agrícolas que lhes permitissem dedicar-se à agricultura comercial. A maioria, 83,3%, utilizava a enxada, o machado e a faca tradicionais para desempenhar o seu papel de produtora de culturas alimentares como o arroz. Além disso, durante a debulha, a maioria dos 85% dos inquiridos utilizou o método tradicional local de bater contra os trilhos de debulha, o que os levou a perder alguns grãos de arroz e a infetar os grãos com areia ou sujidade, o que deteriora a qualidade do arroz.

4) Fornecimento de factores de produção agrícola de qualidade, como fertilizantes, sementes e pesticidas, às mulheres produtoras de arroz. Estes insumos ajudarão a maximizar a produtividade porque todos contribuem significativamente para aumentar o rendimento à sua maneira. Verificou-se que (88,3%) dos inquiridos aplicaram fertilizantes não mais do que duas vezes durante o ano agrícola. As mulheres aplicaram fertilizantes para melhorar a fertilidade do solo das

suas terras agrícolas, que cultivam há 10 anos, e perderam a sua fertilidade.

5) Divulgação atempada de informação sobre o padrão de precipitação para que as mulheres produtoras de arroz possam planear melhor a variedade de arroz a cultivar e os tipos de solo. As mulheres produtoras de arroz queixam-se da falta de informação sobre o regime pluviométrico, o que, ao longo dos anos, as levou a incorrer em grandes perdas e, por conseguinte, à insegurança alimentar em certas famílias.

6) Formar as mulheres produtoras de arroz em técnicas de pós-colheita, a fim de manter a boa qualidade do grão, uma vez que 85% dos inquiridos, que são mulheres produtoras de arroz, utilizam o método tradicional local de bater contra os trilhos de debulha. Isto será muito importante porque as mulheres produtoras de arroz tendem a perder muita da sua produção durante a debulha. Esta formação irá melhorar as suas competências e conhecimentos sobre a debulha em e ajudá-las-á a produzir arroz de boa qualidade para o mercado.

7) Fornecer formação às mulheres produtoras de arroz sobre técnicas de comercialização para que compreendam melhor como vender os seus produtos de arroz para obterem lucro. A maioria dos inquiridos que vendiam o seu arroz utilizava técnicas de preço único, vendendo o seu arroz a um preço muito baixo, o que os impedia de comprar insumos agrícolas para a época agrícola seguinte. Isto, juntamente com a disponibilização de um mercado, permitir-lhes-á vender eficazmente o seu produto de arroz a um bom preço.

8) Fornecer às mulheres produtoras de arroz informações adequadas sobre novas tecnologias através de um canal de comunicação eficaz nos meios de comunicação e de programas de formação. A maioria dos inquiridos (68,3%) não possui educação formal. A formação e a divulgação de informação permitir-lhes-ão adaptar rapidamente as novas tecnologias na cultura do arroz.

Recomendação para um estudo mais aprofundado

Este estudo analisou os papéis e as necessidades das mulheres na produção de arroz na Gâmbia, os problemas e os apoios recebidos da organização. Por conseguinte, será prudente analisar mais aprofundadamente o impacto da cultura do arroz no desenvolvimento socioeconómico do país.

REFERÊNCIAS

Adeola, C. (2002). **Analysis of Economic Efficiency of Male and Female Rice Farmers in Ekiti State**, Nigeria (**Análise da eficiência económica dos produtores de arroz masculinos e femininos no Estado de Ekiti**, Nigéria).

Afzal, A. (2009). **Identification and Analysis of Factors Hampering Women Empowerment in Agricultural Decision Making and Extension Work in the Punjab, Pakistan. Um estudo de caso do distrito de Okara**. Dissertação de Doutoramento em Extensão Agrícola, Faculdade de Extensão Agrícola, Universidade de Agricultura, Faisalabad.

Agboh-Noameshie, A., Kabore, A., & Misiko, M. (2013). **28 Integração de considerações de gênero na pesquisa de arroz para o desenvolvimento na África**. Realizando a promessa do arroz em África, 343.

Akande, T., Cisse, Y. e Kormawa, P. (2007) **Streamlining policies for enhancing rice production in Africa: past experiences, lessons learnt and the way forward**. African Crop Science Journal 15(4), 223-235.

Akinbode, A. (2003). The Effectiveness of Market Strategy in Regional Planning and Development (A Eficácia da Estratégia de Mercado no Planeamento e Desenvolvimento Regional). **Journal of Urban and Environmental Research**,3(1), 1-7.

ASare, I. K. (2000). **Characteristic of Commercial Rice Production in Northern Ghana (Caraterísticas da produção comercial de arroz no norte do Gana). Comparative Analysis of Profitability of Indigenous and Improved Rice Varieties**, Ghana (**Análise comparativa da rentabilidade de variedades de arroz indígenas e melhoradas**, Gana).

Baden, S. (1998). **Gender Issues in Agricultural Market Liberalisation (Questões de Género na Liberalização dos Mercados Agrícolas**). Relatório BRIDGE No.41

Baldeh, P. (2011). Rice farming in The Gambia (Cultivo de arroz na Gâmbia). **Documento apresentado na Assembleia Geral Consultiva do Quadro Consultivo dos Produtores de Arroz**, Bamako, Mali.

Batool, Z., Warriach, H. M., Ishaq, M., Latif, S., Rashid, M. A., Bhatti, A., & Wynn, P. C. (2014). Participação de mulheres em práticas de fazendas leiteiras em pequenas propriedades

Sistema de produção em Punjab, Paquistão. **JAPS, Journal of Animal and Plant Sciences**, *24*(4), 1263-1265.

Bunch, S. (2011) **As mulheres ajudam a resolver a fome: porque é que o mundo ainda está à espera? In: O nosso interesse comum: acabar com a fome e a subnutrição**. O Relatório sobre a Fome 2011. Instituto Pão para o Mundo, Washington.

CARD, (2014). **Estratégia Nacional de Desenvolvimento do Arroz - Gâmbia.** Banjul, Gâmbia: Ministério da Agricultura.

Carney, J.A. (1992). **'Peasant Women and Economic Transformation on The Gambia** In Development and Change, 23(2).

Chiong-Javier, D. M. (2006). Health Consequences of Rural Women's Productive Roles in Agriculture in the Philippines and other developing countries [Consequências para a saúde das funções produtivas das mulheres rurais na agricultura nas Filipinas e noutros países em desenvolvimento].

Journal of International Women's Studies, 10(4), 95 - 110.

Doss, C.R. (1999). **Twenty-Five Years of Research on Women Farmers in Africa: Lessons and Implications for Agricultural Research Institutions;** with an Annotated Bibliography. CIMMYT Economics Program Paper No. 99-02. México D.F.: CIMMYT.

Eze, Onwubuya, Ezeh. (2010). Constrangimentos percebidos pelas mulheres comerciantes na comercialização de produtos agrícolas selecionados na área sul de

Enugu; desafios para a formação em extensão para grupos de mulheres no estado de Egunu, Nigéria: **Journal of Tropical Agriculture, Food, Environment and Extension,** 9(3) 215 - 222.
Fabiyi, E.F., B.B. Danladi, K.E. Akandee Y. Mahmood. (2007). Role of Women in Agricultural Development and Their Constraints: A Case Study of Biliri Local Government Area, Gombe State, Nigeria. **Pakistan Journal of Nutrition** 6 (6): 676-680.
FAO. (2004). Ano Internacional do Arroz: **Arroz é vida**. Recuperado em 29 de dezembro de 2014, de FAO: http://www.fao.org/rice2004/index_en.htm.
FAO. (2011a). **Mulheres na agricultura: Closing the Gender Gap for Development**. Roma: FAO.
FAO. (2011b). Mulheres na agricultura: Closing the Gender Gap for Development. **The State of Food and Agriculture** (pp. 1 - 61). Roma: FAO.
GBoS, (2011). **Inquérito Integrado aos Agregados Familiares - Avaliação da Pobreza dos Rendimentos e Despesas-2010**. Banjul, Gâmbia.
GRiSP. (2013). **Mulheres em movimento**. Los Baos (Filipinas): Instituto Internacional de Investigação do Arroz.
Hwang et al, (2011). A Comparative study on women's role in intrahousehold decisionmaking in Korea and Philippine rice farming households. **Journal of Rural Development/Nongchon-Gyeongje,** vol. 34, número 4.
FIDA. (2014). **Investir na população rural da Gâmbia**. IFAD.
J.O. Owolabi, B.Z. Abubakar e M.Y. Amodu (2011) Avaliação do acesso dos agricultores (mulheres) à extensão agrícola, insumos e facilidades de crédito na área do governo local de Sabon-Gari, no estado de Kaduna. **Nigerian Journal of Basic and Applied Science** (2011), 19 (1): 87- 92.
Khan, M., M. Sajjad, B. Hameed, M. N. Khan e A. U Jan. 2012. Participação das mulheres nas actividades agrícolas no distrito de Peshawar. **Sarhad J. Agric**. 28(1): 121-127
Koppen, B. V. 2001. **Empowering Women to Achieve Food Security),** Brief 3 of 12, International Food Policy Research Institute (IFPRI), agosto.
Kroma, M. (2002) The gender division of labor in rice post-harvest proessing in Sierra Leone: Implication for extension and technology development. **Journal of Agricultural Education and Extension** 8(4), 181 - 195.
MFEA. (2011). **Programa de Aceleração do Crescimento e do Emprego (PAGE) 2012 - 2015**. Banjul (Gâmbia). MFEA
Omiunu O. G, (2014). Investigando os desafios enfrentados pelas mulheres produtoras de arroz na Nigéria, **Revista de Acesso Aberto**, 1, e503, Editora Oalib
Centro de Informação do Paraquat (2013). **Produção e proteção das culturas: Cultivo de arroz**. Recuperado em 12 de janeiro de 2015, de http://www.paraquat.com/knowledge- bank/crop-production/rice-cropping
Squire PJ 2003 Strategies for changing womens full participation in sustainable Agricultural development and environmental conservation in Sub-Saharan Africa (Estratégias para mudar a participação plena das mulheres no desenvolvimento agrícola sustentável e na conservação ambiental na África Subsariana). ***Journal of International Agricultural and Extension Education***, 10(1): 5-10.
Banco Mundial, (2008). **Agricultura para o desenvolvimento**. Relatório sobre o Desenvolvimento Mundial, 2008. Banco Mundial, Washington, DC.
Yamane, Taro. (1967). **Statistics: An Introductory Analysis**, 2ª edição, New York: Harper and Row.
URT (2002). **Documento Final da Estratégia Nacional de Desenvolvimento do Arroz.** República Unida da Tanzânia

APÊNDICE A

ORIENTAÇÃO PARA O QUESTIONÁRIO

Orientações para o questionário

Tópico de investigação: Papéis e necessidades das mulheres na produção de arroz na Gâmbia: Um estudo de caso sobre mulheres agricultoras na Região do Rio Central.

Instruções: Por favor, circule ou preencha o conteúdo para responder às seguintes perguntas.

SECÇÃO A: INFORMAÇÕES GERAIS SOBRE O AGREGADO FAMILIAR		
Não.	**Questão**	**Código**
1.	Idade dos inquiridos..anos de idade	**V001**
2.	Qual é o seu estado civil (1) Solteiro (2) Casado (3) Divorciado (4) Viúvo	**V002**
3.	Qual é a dimensão da sua família?.............................. Pessoas.	**V003**
4.	Qual é o seu nível de educação (1) Escola primária (2) Escola secundária (3) Ensino para adultos (4) Escola corânica (5) Ensino profissional (6) Sem educação formal	**V004**
5.	Qual é a principal fonte de rendimento da família? (1) Agricultura (2) Pequeno comércio (3) Trabalho por conta de outrem	**V005**
6.	Qual foi o último rendimento mensal do seu agregado familiar? .... Dalasi	**V006**
7.	Qual foi o rendimento obtido com a venda de arroz no ano passado? ....Dalasi	**V007**
SECÇÃO B: CONTEXTO DA PRODUÇÃO DE ARROZ		
1.	Quantas variedades de arroz cultivou o seu agregado familiar no ano passado? (1) Nerica (2) Pequim (3) DJ11-509 (4) IAC 164 (5) DR4 (6) Sizadane	**V008** **V009** **V010** **V011** **V012** **V013**
2.	Que sistema de cultivo de arroz utilizou no ano passado? (principal) (1) Terras altas alimentadas pela chuva (2) Terras baixas alimentadas pela chuva (3) Pântano de mangue (4) Irrigado	**V014**
3.	A quem pertence a terra onde cultiva arroz? (1) Herança (2) Compra (3) Terreno familiar (4) Aluguer (5) Governo	**V015**
4.	Qual é a área total cultivada com arroz pelo agregado familiar no ano passado? ... hectares	**V016**

5.	5.a Qual é o rendimento total de arroz que obteve no ano passado?..........................Kgs 5.b.1. Consumo familiar............................... Kg 5.b.2 Venda......................... Kg 5.b.3 Sementes .... Kg	**V017** **V018** **V019** **V020**
6.	Qual é o objetivo da cultura do arroz? (1) Consumo familiar (2) Venda (3) Ambos	**V021**
7.	Que cultura é alternativa à cultura do arroz? (escolhe a mais importante) (1) Amendoim (2) Milho painço (3) Mandioca (4) Milho (5) horta	**V022**
Factores de produção do arroz		
B-1 Capital		
1.	Qual (is) a (s) fonte (s) de capital do agregado familiar no ano passado? (1) Poupança pessoal (2) Amigos/parentes (3) Instituições financeiras (4) Emprestadores de dinheiro	**V023** **V024** **V025** **V026**
2.	Para que é que utilizou o capital? (1) Alfaias agrícolas (2) factores de produção agrícola (3) Ambos	**V027**
3.	Quais foram os problemas encontrados para obter capital no ano passado? 1. Falta de informação, de conhecimentos e de know-how sobre as instituições financeiras 2. Baixo nível de escolaridade 3. Falta de garantias para obter crédito/empréstimo de instituições financeiras 4. Incapacidade de pagar o empréstimo	**V028** **V029** **V030** **V031**
B-2 Terreno		
1.	Como é que adquiriu a terra onde cultivou arroz no ano passado? 1. Herança 2. Da família do meu marido 3. Aluguer 4. Prenda 5. Governo	**V032**
2.	Quem é que decide se deve alugar uma terra para cultivar? (1) Mulher (2) Marido (3) Ambos (4) (4) Outros membros da família	**V033**

3.	Qual(is) é(são) o(s) problema(s) encontrado(s) na aquisição de terras? 1. Falta de propriedade e/ou controlo sobre a terra 2. Barreiras tradicionais e culturais 3. Ambos	**V034**
4.	Como é que este(s) problema(s) pode(m) ser resolvido(s)? 1. Dar às mulheres o direito à terra 2. Reformas da propriedade fundiária 3. Ambos	**V035**
B-3	**Trabalho**	
1.	Quais são as fontes de trabalho do agregado familiar no ano passado? (1) Membro da família (2) Mão de obra contratada (3) Apoio comunitário	**V036** **V037** **V038**
2.	2.1 Contratam mão de obra? (1) Sim (2) Não Em caso negativo, passar à pergunta 3 2.2 Em caso afirmativo, que tipo de mão de obra? (1) Desbravamento (2) Lavoura (3) Monda (4) Plantação (5) Colheita 2.3 Qual o montante pago por ele..Dalasi (1) DO - D2000 (2) D2001 -D4000 (3) D4001 - D6000 (4) D6001 - D8000	**V039** **V040** **V041**
3.	Quem decide quem deve ser contratado? (1) Marido (2) Mulher (3) Ambos (4) Outros membros da família	**V042**
4.	Quem decide quanto dinheiro deve ser gasto para poupar trabalho? (1) Marido (2) Mulher (3) Ambos	**V043**
5.	Quais são os tipos de alfaias agrícolas utilizadas durante o último ano de trabalho? 1. Brilho da enxada 2. Lavoura por trator 3. Erva daninha 4. Semeador 5. Tração animal	**V044** **V045** **V046** **V047** **V048**
SECÇÃO C: PAPEL DAS MULHERES COMO PRODUTORAS		
C-1 Preparação do terreno		
1.	Quem prepara a terra para o cultivo? (1) Esposa (4) Outros membros da família (2) Marido (5) mão de obra contratada (3) Mulher e marido (6) trabalho partilhado	**V049**

2.	Como é feita a limpeza dos terrenos? (1) Manualmente (2) Máquina	**V050**
3.	Que tipo de operações de lavoura foram utilizadas? (1) Manual (2) Trator (3) Tração animal	**V051** **V052** **V053**
4.	Quantas vezes lavra a quinta? (1) Uma vez (4) Mais de três vezes (2) Duas vezes (3) Três vezes	**V054**
5.	Quem decide quais os terrenos a preparar? (1) Marido (3) Ambos (2) Esposa (4) Outros membros da família	**V055**
C-2	**Plantação**	
6.	Quem é que planta sementes de arroz na quinta? (1) Marido (2) Mulher (3) Ambos (4) Outros membros da família	**V056**
7.	Qual é o modo de plantação? (1) Perfuração (2) Radiodifusão (3) Transplantação	**V057** **V058** **V059**
8.	Qual é o principal período de plantação de plântulas de arroz? (1) julho (2) agosto (3) setembro	**V060**
9.	Quem decide quando plantar a planta de arroz? (1) Marido (3) Ambos (2) Esposa (4) Outros membros da família	**V061**
C-3 Controlo/gestão da água		
1.	Quem executa esta tarefa no arrozal? (1) Mulher (2) Marido (3) Mulher e marido (4) Crianças (5) Outros membros da família	**V062**

2.	Como é que se gere a água nos arrozais? (1) Construir canais de campo (2) Nivelar o campo (3) Construir feixes e reparar eventuais fissuras ou buracos	**V063** **V064** **V065**
3.	Qual é a principal fonte de água do seu arrozal? 1. Queda de chuva (água da chuva) se o círculo (1), passar à Q5 2. Rio (através de irrigação)	**V066**
4.	Quantas vezes irrigou o seu arrozal no ano passado?...................................... vezes	**V067**
5	Quem toma a decisão sobre as estratégias de gestão da água a utilizar? (1) Marido (2) Mulher (3) Ambos	**V068**
C-4 Aplicação de fertilizantes		
1.	Quem aplica o fertilizante no arroz? (1) Esposa (5) Outros membros da família (2) Marido (3) Mulher e marido (4) Crianças	**V069**
2.	Que tipo de fertilizante é aplicado no arrozal? (1) NPK - químico (2) Adubo orgânico (3) Outros	**V070** **V071** **V072**
3.	Como é que se aplica o fertilizante ao arroz? (1) Manualmente e por difusão (2) Máquina (3) Ambos	**V073**
4.	Com que frequência se aplica fertilizante no arrozal?..vezes	**V074**
5.	Quem toma a decisão sobre o momento de aplicar o fertilizante? (1) Marido (2) Mulher (3) Ambos	**V075**
6.	Quem toma a decisão sobre a quantidade de fertilizante a aplicar no arrozal (1) Marido (2) Mulher (3) Ambos	**V076**

7.	Quem decide quantas vezes aplicou fertilizantes na sua exploração agrícola no ano passado? (1) Marido (2) Mulher (3) Ambos	**V077**
C-5	**Gestão das pragas**	
1.	Que tipo de pragas afecta o seu arrozal? (1) Aves (2) Inseticida (3) Outros especificar..	**V078** **V079** **V080**
2.	Quem controla as pragas quando estas atacam os arrozais? (1) Mulher (2) Marido (3) Mulher e marido (4) Outros membros da família	**V081**
3.	Qual é o método utilizado para controlar as pragas nos arrozais? (1) Afugentamento de aves (2) Aplicar pesticidas químicos (3) Pesticida de fabrico local, especificar	**V082** **V083** **V084**
4.	Quem tomou a decisão sobre a gestão das pragas? (1) Marido (2) Mulher (3) Ambos	**V085**
C-6 Gestão das ervas daninhas		
1.	Quem mondou a plantação de arroz no ano passado? (1) Mulher (2) Marido (3) Ambos (4) Outros membros da família	**V086**
2.	Como foi a última vez que mondou a quinta? (1) Manualmente (2) Química (3) Ambos	**V087**
3.	Com que frequência mondava o arrozal? (1) Uma vez (2) Duas vezes (3) Três vezes (4) Mais de três vezes	**V088**

4.	Quem tomou a decisão sobre o momento de mondar o arrozal? (1) Marido (2) Mulher (3) Ambos	**V089**
5.	Quem tomou a decisão sobre a forma de mondar o arrozal? (1) Marido (2) Mulher (3) Ambos	**V090**
C-7	**Controlo de doenças**	
1.	Quem controla as doenças quando estas atacam as plantações de arroz? (1) Marido (2) Mulher (3) Ambos (4) Outros membros da família	**V091**
2.	Como é que se controla uma doença nos arrozais? (1) Escolha de uma variedade resistente às doenças (2) Controlo químico (3) Práticas culturais	**V092** **V093** **V094**
3.	Quem tomou a decisão sobre como e que tipo de mecanismo de controlo utilizar? (1) Marido (2) Mulher (3) Ambos	**V095**
C-8	**Colheita**	
1.	Quando é que o arroz foi colhido no ano passado? .... Dias após a plantação	**V096**
2.	Quem é que colhe o arrozal? (1) Mulher (2) Marido (3) Ambos (4) Outros membros da família	**V097**
3.	Como é feita a colheita? (1) Manualmente (2) Máquina (3) Ambos	**V098**
4.	Quantas vezes é que se colhe arroz na exploração de arroz? (1) Uma vez (2) Duas vezes (3) Mais do dobro	**V099**

5.	Quem tomou a decisão de quando e como colher o arrozal no ano passado? (1) Marido (2) Mulher (3) Ambos	**V100**
C-9	**Debulha**	
1.	Quem é que faz a debulha no ano passado? (1) Mulher (2) Marido (3) Ambos (4) Outros membros da família	**V101**
2.	Onde é que se faz a debulha? (1) Fazenda (2) Início	**V102**
3.	Qual é o método de debulha utilizado? (1) Debulha a pé (2) Bater contra as eiras (3) Debulhador a pedal (4) Debulha mecânica	**V103** **V104** **V105** **V106**
4.	Quem toma a decisão sobre a debulha? (1) Marido (2) Mulher (3) Ambos	**V107**
C-10	**Limpeza do grão**	
1.	Quem limpa o grão de arroz? (1) Mulher (2) Marido (3) Ambos (4) Outros membros da família	**V108**
2.	Como é efectuada a limpeza dos cereais? (1) Manualmente por peneiração (2) Mecanicamente, por crivagem ou peneiração (3) Ambos	**V109**
C-11	**Secagem**	

1.	Quem é que seca o grão de arroz? (1) Mulher (2) Marido (3) Ambos (4) Outros membros da família	**V110**
2.	Qual é o método de secagem utilizado? (1) Secagem no campo (2) Panícula seca (3) Secar em tapetes ou telas (4) Secagem do pavimento	**V111** **V112** **V113** **V114**
3.	Quantos dias são necessários para secar grãos de arroz?................................... dias	**V115**
C-12 Armazenamento e gestão das sementes		
1.	Quem armazena o grão de arroz? (1) Mulher (2) Marido (3) Ambos (4) Outros membros da família	**V116**
2.	Que método de armazenagem utilizou para armazenar os grãos? (1) Sacos (2) Cestos (3) Ambos	**V117**
3.	Quem decide onde e como armazenar e gerir as sementes? (1) Marido (3) Ambos (2) Esposa (4) Outros membros da família	**V118**
SECÇÃO D: PAPEL DA MULHER COMO PROFISSIONAL DE MARKETING		
1.	Quem vendeu os produtos de arroz no ano passado? (1) Marido (3) Ambos (2) Esposa (4) Outros membros da família	**V119**
2.	Onde é que vendiam os produtos? (1) Na aldeia (2) Mercado semanal nas proximidades (3) Aldeia próxima (4) Agente de compras organizado	**V120** **V121** **V122** **V123**
3.	Quem eram os compradores? 1. Aldeões 2. Intermediários 3. Cooperativas 4. Transeuntes	**V124** **V125** **V126** **V127**

4.	Quem decidiu onde vender os produtos? (1) Mulher (3) Ambos (2) Marido	**V128**
5.	Quem decidiu o preço de venda dos produtos? (1) Mulher (3) Ambos (2) Marido	**V129**
7.	Quais são os problemas com que se deparou durante a comercialização? (1) Rede rodoviária deficiente (2) Armazenamento (sementes/grãos) (3) Preço baixo dos produtos à base de arroz (4) Potenciais compradores pouco fiáveis (5) Competências de marketing inadequadas (6) Local/estrutura inadequados	**V130** **V131** **V132** **V133** **V134** **V135**
8.	Quais são as suas necessidades em termos de marketing? (1) Estrutura de mercado adequada (2) Compradores potenciais fiáveis (3) Formação em competências de marketing (4) Disponibilização de instalações de armazenamento (5) Bom preço de mercado (6) Outros	**V136** **V137** **V138** **V139** **V140** **V141**

Orientações para a discussão em grupo

Secção A: Antecedentes da produção de arroz

1. Principal variedade de arroz que cultivou no ano passado e porquê
2. Principal sistema de cultivo de arroz utilizado no ano passado e porquê

Secção B Factores de produção

1. Terrenos (acessibilidade, propriedade, problemas de acesso aos terrenos e justificação)
2. Mão de obra (origem, contratação, custo da contratação de mão de obra e justificação)
3. Capital (fonte de capital, utilizações do capital, problemas encontrados na obtenção de capital e justificação.

Secção C: O papel da mulher como produtora

Papéis das mulheres	**Tarefas executadas por Mulheres**	**Problemas**	**Necessidades**	**Apoios Recebido**
Produtores				

Tomadores de decisão				
Comerciante				

Printed by Books on Demand GmbH, Norderstedt / Germany